प्लास्टिक का सत्य

डॉ॰ डी॰डी॰ ओझा
डॉ॰ एम॰एल॰ अग्रवाल

SCIENTIFIC
PUBLISHERS

प्रकाशक

साईन्टिफिक पब्लिशर्स (इंडिया)

5–ए न्यू पाली रोड़,
पो.बॉ. नं. 91
जोधपुर – 342 001 भारत
E-mail: info@scientificpub.com
Website: http://www.scientificpub.com

ISBN: 978-93-89184-08-2 (Hardbound)
978-93-89184-10-5 (E-Book)

भारत में मुद्रित

परम पूज्यपाद गुरुवर

आचार्य महामण्डलेश्वर

श्री स्वामी महेशानन्दजी गिरि महाराज

के

श्रीचरणों में सादर समर्पित

प्राक्कथन

आज सर्वत्र प्लास्टिक का ही बोलबाला है चाहे घर हो, मंदिर हो, कार्यालय, बाजार, सार्वजनिक स्थान भी क्यों न हो। जहाँ नजर पड़ेगी वहाँ प्लास्टिक ही प्लास्टिक नजर आयेगा। प्लास्टिक आज इतना प्रचलित शब्द हो चुका है कि बच्चे से लेकर बूढ़े तक की जुबान पर यही शब्द आता रहता है। आज यह विश्वभर में सर्वाधिक प्रयोग में आने वाला पदार्थ हो चुका है। हल्का, टिकाऊ, जंगरहित और किसी भी आकृति में ढाले जा सकने के कारण प्लास्टिक की लोकप्रियता इतनी बढ़ गयी है कि आज के युग को प्लास्टिक युग कहने में अत्युक्ति नहीं होगी।

आज किसी चीज पर लपेटे जानेवाले वेष्टन से लेकर हृदय में लगाये जाने वाले वाल्व तक, जो सहज ही में निष्क्रिय नहीं हो सकता, प्लास्टिक के पदार्थों का उपयोग किया जा रहा है। किसी समय प्लास्टिक की चीजों की गिनती बनावटी वस्तुओं में की जाती थी, किन्तु आज प्लास्टिक के बारे में लोगों के दृष्टिकोण में पर्याप्त परिवर्तन हो गया है और लोग अब इसे अपने विश्वसनीय सहयोगी के रूप में पहचानने लगे है।

आज मानव उपभोक्तावाद तथा बाजारवाद के बढ़ते वर्चस्व के कारण प्लास्टिक का विभिन्न रूपों में उपयोग कर रहा है। घरेलू उपयोग की वस्तुएं, फर्नीचर, उपभोक्ता वस्तुएं, पैकेजिंग, चिकित्सा, यांत्रिक उपकरण, कृषि, जहाजरानी, दूरसंचार और यहां तक कि अंतरिक्ष यानों में भी प्लास्टिक का उपयोग किया जा रहा है। प्रायशः प्लास्टिक पदार्थों की निर्मित में कम खर्च आता है और अन्य धातुओं से बने पदार्थों की तुलना में ये सस्ते भी होते हैं, ये पारदर्शक या अपारदर्शक पानी से न फूलनेवाले या पानी के अवरोधक होते हैं। इनकी उक्त विशेषताओं के कारण ये पदार्थ जीवन के अनेकानेक क्षेत्रों में विविध प्रकार से उपयोग में लाए जाते हैं।

प्लास्टिक की दुनिया निराली है क्योंकि हम हमारे दैनिक जीवन में सेल्युलोज, पी.वी.सी., थर्मोकोल, पॉलिइथिलीन, कॉण्टेक्ट लेंस, टेफलोन, बुलेटप्रूफ कांच, पॉलिग्रास, नाइट्राइल रबड, मोती, यू फोम,

तथा कृत्रिम दाँत बनाने में परोक्ष – अपरोक्ष रूप में इसका प्रयोग करते हैं। अतः यह हमारे लिए वरदान साबित हो रहा है।

प्लास्टिक में अनेक गुण होने के बावजूद जब इससे निर्मित वस्तुएं टूट–फूट जाने के बाद कूडे के ढेर में फेंक दी जाती हैं, विशेषकर पॉलीथीन की थैलियों की तो बहुत भयंकर समस्या है। ये थैलियां नालियों के प्रवाह को अवरुद्ध करके गंदे पानी को सडकों पर फैलाने का कारण बनती हैं। इसी प्रकार रसोईघरों से निकले साग–सब्जी के छीलन, फलों के छिलके आदि को इनमें भरकर कूडेदान में फेंके जाने के बाद उन्हें पशुओं के द्वारा खा लेने के फलस्वरूप उनके अमाशय में जाने से उनकी असमय मृत्यु का कारण बनती हैं। प्लास्टिक के कूडा–करकट को जला देने पर विषैली गैंसे निकलती हैं जो पर्यावरण को प्रदूषित करती हैं और स्वास्थ्य के लिए हानिकारक होती है। प्लास्टिक का कचरा जल स्रोतों को भी प्रदूषित करता है और आज हमारे महासागर भी इस कचरे से प्रदूषित हो चुके हैं। इस प्रकार प्लास्टिक हमारे लिए अभिशाप बन गया है।

वैज्ञानिक एव विज्ञान संचारक होने के नाते हमारे मन में यह विचार उत्पन्न हुआ कि आज के युग में उपयोग में आनेवाले अन्यान्य प्लास्टिक के पदार्थों की जानकारी सामान्य आदमी के पास पहुंचाने की महती आवश्यकता है। ये प्लास्टिक पदार्थ कैसे खोजे गए, उनके उत्पादन में किन–किन रासायनिक पदार्थों को काम में लाया जाता है, उनके मूल रूप में युगीन आवश्यकताओं के अनुसार क्या–क्या परिवर्तन किए गए, प्लास्टिक का वर्गीकरण, उत्पादन, विविध उपयोग, प्लास्टिक प्रदूषण और उसके दुष्प्रभाव, प्लास्टिक प्रदूषण से त्रस्त महासागर, जैव अपघटनीय बायोप्लास्टिक, प्लास्टिक का पुनर्चक्रण, अपशिष्ट प्लास्टिक अधिनियम, प्लास्टिक प्रदूषण को रोकने के उपाय तथा प्लास्टिक कचरे का सदुपयोग आदि ऐसे विषय हैं जिनकी जानकारी प्रत्येक व्यक्ति के लिए लाभप्रद हो सकती है। भारतीय परिप्रेक्ष्य में यह जानकारी हिंदी अथवा प्रादेशिक भाषाओं में होना बहुत जरुरी है। इसी उद्‌देश्य को दृष्टिगत रखते हुए इस बहुपयोगी पुस्तक **"प्लास्टिक का सत्य"** का प्रणयन किया गया है। वर्ष 2018 के लिए पर्यावरण दिवस का विषय भी "प्लास्टिक प्रदूषण रोकिए" था, अतः इस दृष्टि से भी इस पुस्तक का महत्व जन जागरुकता हेतु उपादेय है।

इस पुस्तक का सफल लेखन कार्य परम पूज्यपाद गुरुवर, आचार्य महामण्डलेश्वर **स्वामी श्री महेशानंदजी गिरि महाराज** के आशीर्वाद से ही सम्पन्न हुआ है। अतः यह पुस्तक उन्हीं के श्रीचरणों में समर्पित है। पुस्तक के लेखन कार्य में **पूज्य स्वामी श्रीस्वयंप्रकाशगिरिजी महाराज** ने बहुमूल्य सुझाव देकर इसे लोकोपयोगी बनाया। अतः लेखक उनके हृदय से कृतज्ञ हैं। लेखक देश के मूर्धन्य विद्वानों यथा प्रो. शिवगोपाल मिश्र, डॉ. महेन्द्र पाण्डेय, डॉ. संजय वर्मा, श्री अनिल सक्सेना, श्री सुभाषचन्द्र लखेड़ा, डॉ. चन्द्रशेखर पांडे, डॉ. उषा मीना, डॉ. प्रदीपकुमार मुखर्जी तथा डॉ. शुभ्रता मिश्रा द्वारा इस जनोपयोगी कार्य में प्रदान किए गए तकनीकी मार्गदर्शन व सहयोग हेतु उनके बहुत आभारी हैं। उन सभी विद्वान कृतिकारों को भी हम धन्यवाद अर्पित करते हैं जिनकी कृतियों का यत्किंचित उपयोग इस लोकोपयोगी पुस्तक में लोगों के ज्ञान में अभिवृद्धि करने, पशु रक्षा तथा पर्यावरण संरक्षण हेतु किया गया है। आशा हैं पुस्तक में प्रदत्त प्लास्टिक विषयक तकनीकी जानकारी से प्रबुद्ध पाठकगण अवश्य लाभान्वित होंगे।

डॉ॰ डी॰डी॰ ओझा
डॉ॰ एम॰एल॰ अग्रवाल

अनुक्रम

- प्लास्टिक है क्या ? 1
- बहुलक या पॉलीमर 2
- क्या है बहुलकीकरण? 3
- प्लास्टिक का ऐतिहासिक परिदृश्य.................................. 5
- प्लास्टिक के रोचक तथ्य..........12
- प्लास्टिक का वर्गीकरण...........14
- विभिन्न प्रकार के प्लास्टिक विषयक जानकारी...............................16
- प्लास्टिक के उपयोग 45
- जल शोधन में पॉलिमर की उपयोगिता........................47
- प्लास्टिक के इंजिन, घर और ईंधन..............................50
- अन्य उपयोग...........................51
- प्लास्टिक प्रस्फुरक छड़ें...........54
- चिकित्सा उपकरणों में उपयोग 55
- बागवानी में प्लास्टिक उपयोग 55
- प्लास्टिक का उत्पादन 60
- प्लास्टिकों को आकार देने की विधियाँ.............................61
- प्लास्टिक के विभिन्न कोड/चिन्ह 67
- प्लास्टिक के खतरे.................69
- प्लास्टिक कचरे के प्रकार.........71
- घरेलू कूड़ा–करकट भी समस्या 72
- उपभोग्य (डिस्पोजेबल) वस्तुओं से रोग.......................75
- प्लास्टिक के विभिन्न क्षेत्रों में दुष्प्रभाव.............................77
- प्लास्टिक के गिलास में गरम पेय हानिकारक 81
- चिकित्सा उपकरण एवं दवाओं की पैकिंग 85
- प्लास्टिक से त्रस्त महासागर 93
- सूक्ष्म प्लास्टिक या माइक्रो प्लास्टिक प्रदूषण.....................98
- माइक्रोप्लास्टिक क्या है? 99
- महत्वपूर्ण नवीन शोध कार्य.................................. 103
- प्लास्टिक के प्रयोग बंद न होने के कारण.................. 105
- प्लास्टिक प्रदूषण का समाधान............................. 106
- पर्यावरण स्नेही प्लास्टिक........ 106
- क्या है बायो प्लास्टिक? 107
- बायोप्लास्टिक लेबलिंग........... 109
- बायोप्लास्टिक का वातावरण पर प्रभाव.............. 110

- बायोप्लास्टिक और जैव अपघटन 111
- बायो प्लास्टिक के लाभ 112
- बायोलैक 113
- नवीन अनुसंधान 113
- देश में बायोप्लास्टिक की स्थिति 114
- प्लास्टिक भक्षी बैक्टीरिया की नवाचारी खोज का विहंगावलोकन 115
- प्लास्टिक का पुनर्चक्रण 120
- असंख्य बार पुनर्चक्रित होने वाले प्लास्टिक की खोज 123
- प्लास्टिक पुर्नभरण से लाभ 124
- बायोडिग्रेडेबल प्लास्टिक प्रौद्योगिकी 124
- पर्यावरण संरक्षण अधिनियम 125
- अपशिष्ट प्लास्टिक नियम – 2016 126
- प्लास्टिक कचरे का सदुपयोग (कचरे से कंचन) 128
- प्लास्टिक कचरे से ईंधन बनाने के कुछ व्यक्तिगत प्रयास 130
- प्लास्टिक कचरे से दूर होगी पेट्रोल की दिक्कत 132
- आयरलैण्ड की कामयाबी 133
- प्लास्टिक के उपयोग को कैसे कम करें? 138
- पॉलिथीन के प्रचलन को कैसे रोका जाए? 139
- गोवा का प्रेरणास्पद अभियान 140
- जीरो वेस्ट कोवालम 141
- हिमाचल सरकार की पहल 142
- जर्मनी भी आगे 143
- सिपेट–देश का प्लास्टिक विषयक उच्च स्तरीय संस्थान 144
- दृष्टि 146
- मिशन 146
- सिपेट के उद्देश्य 146
- प्लास्टिक से संबंधित कुछ शब्द 147
- संदर्भ 149

प्लास्टिक का सत्य

प्लास्टिक है क्या ?

प्लास्टिक भी रसायनों की ही देन है। इस शब्द की उत्पत्ति ग्रीक भाषा के 'प्लास्टिकोस' (Plastikos) शब्द से हुई है जिसका सीधा अर्थ है सांचे में ढालने योग्य। ये असंतृप्त हाइड्रोकार्बन तथा पेट्रोरसायन के उच्च अणुभार वाले उच्च बहुलक होते हैं। सुप्रसिद्ध बेबस्टर अंग्रेजी शब्दकोश में प्लास्टिक शब्द के यद्यपि कई अर्थ दिए हुए हैं तथापि केवल छह का अनुवाद इस प्रकार है –

- जिसे साँचे में ढाला जा सके या जिसे आकार दिया जा सके, जो सुनम्य हो।
- साँचे में ढालने या मॉडल बनाने से संबंध रखने वाला।
- जीव विज्ञान के क्षेत्र में उपापचयी परिवर्तन लाने में समर्थ।
- विनष्ट या क्षतिग्रस्त ऊतकों के पुनर्नवीकरण में सहायक।
- भौतिकी के क्षेत्र में किसी भी दिशा में आकार में बिना टूटे निरंतर तथा स्थायी परिवर्तन लाने में सक्षम।
- रसायन विज्ञान में कोई भी अधात्विक यौगिक जिसे कृत्रिम रूप से बहुलकीकरण द्वारा कार्बनिक यौगिकों से बनाया जाए और जिसे विभिन्न प्रकार के रूपों में ढाला जा सके तथा व्यापारिक उपयोग के लिए कठोर बनाया जा सके।

वस्तुतः प्लास्टिक एक रासायनिक यौगिक है। विविध अधात्विक यौगिकों में से एक है जिसे विविध रूपों में ढालकर व्यापारिक उपयोग में लाने के लिए कठोर बनाया जाता है। यह एक बहुलक (Polymer) है जिसका निर्माण बहुलकीरण (Polymerisation) द्वारा किया जाता है।

बहुलक या पॉलीमर

रसायन विज्ञान की भाषा में प्लास्टिक को बहुलक कहा जाता है। वस्तुतः पॉलीमर शब्द Pulys (बहु, अनेक) तथा Meros (भाग) इन दो ग्रीक शब्दों से मिलकर बना है। अतः पॉलीमर का अर्थ है अनेक भागों से या इकाइयों से मिलकर बना हुआ। पॉलीमर उन बृहद् अणुओं का सूचक है जिनमें पुनरावृत्ति करने वाली इकाइयों की एक लंबी श्रृंखला (chain) पाई जाती है।

यह सर्वविदित है कि प्रत्येक पदार्थ लघु इकाइयों या अणुओं से बना होता है। अधिकांश पदार्थों में लघु अणु होते हैं। उदाहरण के तौर पर जल के अणु लघु होते हैं। अर्थात् एक अणु में कुछ ही परमाणु होते हैं, किन्तु प्लास्टिक के अणुओं में लाखों परमाणु एक साथ श्रृंखलित रहते हैं। छोटे अणुओं की लड़ियाँ आपस में जुड़कर जटिल संरचना बनाती है। यह संरचना विविधतापूर्ण हो सकती है। कुछ प्लास्टिकों में यह ऐसी प्रतीत होती है जैसे नदी के जल में कोई पानी का लट्ठा बह रहा हो, अन्य में यह किसी और स्वरूप व आकार की होती है। इसी संरचना के कारण ही प्लास्टिक में किसी भी आकार में ढल जाने की क्षमता होती है। यदि हम सबसे सरल और बहुपरिचित प्लास्टिक पॉलीथीन को लें तो यह कार्बन (C) तथा हाइड्रोजन (H) परमाणुओं के परस्पर श्रृंखलन से बनता है। तथा इसके परमाणु निम्नवत् श्रृंखलित रहते हैं (चित्र–1)।

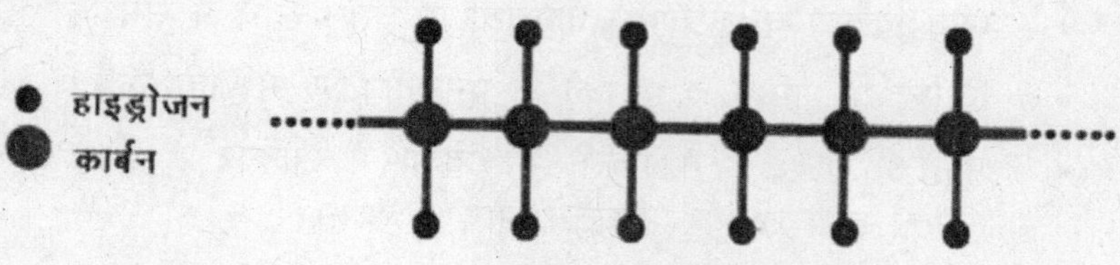

Polyethylene or polythene

$$nCH_2 = CH_2 \longrightarrow (-CH_2 - CH_2 -)_n$$

चित्र–1.

इस अणु में एक ही इकाई $\begin{array}{c} | \\ C \\ | \\ H \end{array}$ (यानि CH_2) बार–बार आती है।

ऐसी लंबी श्रृंखलावाले अणु को रसायन की भाषा में पॉलीमर या बहुलक

कहते हैं। प्रायशः सारे प्लास्टिकों के नाम पॉली (Poly = बहुल) से प्रारम्भ होते हैं। प्लास्टिक के नाम का अंतिम भाग इसका सूचक होता है कि वह किस यौगिक से व्युत्पन्न है। उदाहरण के तौर पर पॉलीथीन नाम को ही लें। इसका सही नाम पॉलीएथिलीन (Polyethylene) है। इसमें प्रारम्भिक पॉली बहु तथा अंतिम भाग एथिलीन सूचित करता है कि यह प्लास्टिक एथिलीन नामक रासायनिक यौगिक से व्युत्पन्न है। इसी तरह पॉलीस्टाइरीन प्लास्टिक स्टाइरीन से व्युत्पन्न है।

प्रायशः सारे प्लास्टिक पॉलीथीन के समान ही लंबे–लंबे अणुओं से बने होते हैं जिनका मेरुदंड या रीढ़ कार्बन होता है। इसका कारण यह है कि समस्त रासायनिक तत्वों में से कार्बन (C) ही ऐसा तत्व है, जो इस प्रकार से अपने आपमें श्रृंखलित होकर दीर्घ श्रृंखला बना सकता है।

क्या है बहुलकीकरण?

जिस रासायनिक क्रिया से लघु अणु या बहुलक का निर्माण होता है वह बहुलकीकरण या Polymerisation कहलाती है। यदि हम लघु अणुओं को A से प्रदर्शित करें तो बहुलक को –A–A–A–A– द्वारा प्रदर्शित किया जाएगा। किसी एक बहुलक में एक लाख तक ऐसी इकाइयाँ पाई जा सकती है। इन इकाइयों को एकलक या मोनोमर (Monomer) कहते हैं (चित्र–2)।

पॉलीथीन नामक बहुलक एथिलीन (C_2H_4) गैस के बहुलकीकरण से प्राप्त किया जा सकता है। कतिपय प्लास्टिकों में भिन्न प्रकार से एकलक जुड़े रहते हैं। यदि हम एक एकलक को A तथा दूसरे को B से प्रदर्शित करें तो इस प्रकार से प्राप्त बहुलक या पॉलीमर –A–B–A–B होगा। ऐसा बहुलक सहबहुलक या Copolymer कहलाता है। उदाहरणार्थ, स्टाइरीन ब्यूटाडाईन रबर एक सह बहुलक है। इसमें स्टाइरीन तथा ब्यूटाईन ये दो बहुलक जुडे होते हैं।

बहुलकीकरण के लिए प्रायशः उच्च दाब एवं उत्प्रेरक (catalyst) की उपस्थिति में गरम करना पड़ता है। बहुलकीकरण क्रिया पर नियंत्रण रखने के लिए त्वरक तथा मंदक या निरोधक इस्तेमाल किए जाते हैं। अम्ल, क्षार, बेंजाइल आदि त्वरक का काम करते हैं। गंधक, पिक्रिक–अम्ल, नाइट्रो यौगिक मंदक हैं तथा हाइड्रोक्विनोन निरोधक का कार्य करता है।

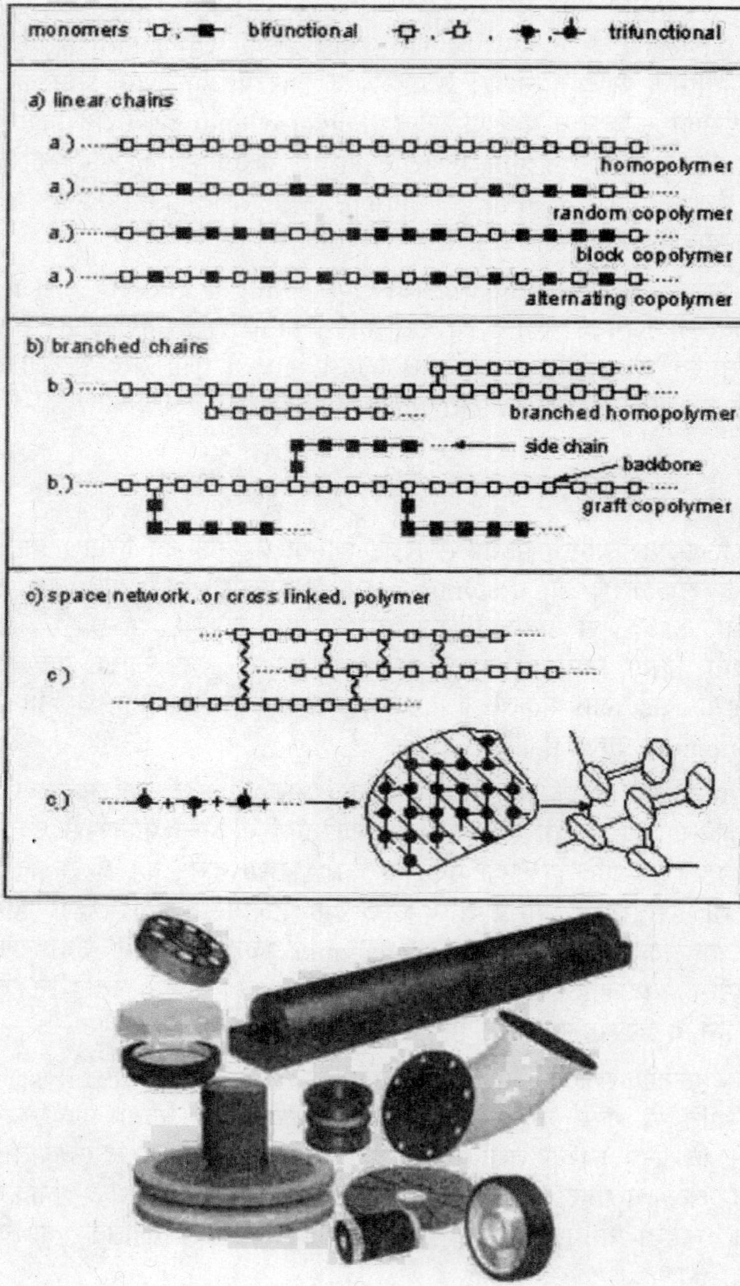

चित्र–2. बहुलकीकरण की एक दृष्टि

वस्तुतः त्वरक क्रिया की गति बढ़ाते है तो मंदक उसे कम करते हैं और निरोधक की उपस्थिति में क्रिया कुछ काल तक रुक जाती है। कभी कभी प्लास्टिक को अधिक चमकदार तथा नम्य (लचीला) बनाने के लिए कुछ निम्न गलनांक वाले अवाष्पशील यौगिक मिला दिए जाते हैं जैसे कपूर, अरंडी का तेल आदि। इन्हें सुघट्यकारी (Plasticizer) कहते हैं। प्लास्टिक को रंगीन बनाने के लिए रंजक (Pigment) का प्रयोग किया जाता है।

प्लास्टिक का ऐतिहासिक परिदृश्य

प्लास्टिक का इतिहास तो सदियों पुराना हैं। ऐसा उल्लेख मिलता है कि 1600 ई. पू. में प्राकृतिक रूप से रबड़ के पेड़ों से मिलाने वाले रबर, माइक्रो सेलुलोस, कोलेजन और गैलालाइट आदि के मिश्रण से प्लास्टिक जैसी किसी चीज को तैयार किया गया था, और जिसका प्रयोग गेंद (बॉल) बैंड और मूर्तियाँ बनाने में किया जाता था। परन्तु आज हम जिन प्लास्टिक पदार्थों की बात करते हैं, वे सभी वैज्ञानिकों द्वारा खोजी गई और विकसित की गई तकनीकों से संश्लेषित किये जाते हैं। वस्तुतः संश्लेषित प्लास्टिकों के निर्माण से सैकड़ों वर्ष पूर्व मनुष्य गटापार्चा, शल्क लाक्षा (शलैक) और जानवरों के सींग जैसे प्राकृतिक रूप से उपलब्ध संसाधनों का प्लास्टिक के रूप में प्रयोग करता आया है। प्लास्टिक पदार्थ के रूप में उपयोग में लाने से पहले सींगों को पानी में उबाला जाता था अथवा फिर क्षारीय विलयन में भिगोया जाता था।

ऐसा विदित हुआ है कि संश्लेषित प्लास्टिक भी प्राकृतिक रूप से उपलब्ध पेड़ पौधों से प्राप्त होने वाले रसायन सेलुलोस से तैयार किया गया। वैसे प्लास्टिक पदार्थों से मनुष्य का परिचय सन् 1835 में तब हुआ जब पॉलिस्टाइरीन नामक बहुलक यानी पॉलीमर की खोज हुई किन्तु उस दौरान मनुष्य को ऐसे पॉलीमरों का ज्ञान नहीं था इस कारण उसने इन्हें उपेक्षा की दृष्टि से ही देखा।

इस दिशा में एक नयी घटना जो सन् 1868 में घटी थी, ने न केवल नए प्लास्टिक पदार्थ की उपयोगिता से विश्व को अवगत कराया वरन् समस्त मानव जाति को ऐसे नए–नए प्लास्टिक पदार्थों को संश्लेषित करने के लिए अभिप्रेरित किया जिनके बारे में उसने कभी सोचा भी नहीं था।

इसके पश्चात् सन् 1860 में हाथी दांत से बिलियर्ड की गेंदें बनाने वाली एक अमेरिकी फर्म 'फैलेन एंड कोल्लेंडर' ने हाथी दाँत का प्रतिस्थापी (सबस्टि्टयूट) खोजने के लिए दस हजार डालर का पुरस्कार देने की घोषणा की। इसका कारण यह था कि हाथी दाँत के लिए हाथियों की निर्ममतापूर्वक की जाने वाली हत्याओं के कारण इनकी संख्या घटती चली गई और इस फर्म के लिए पर्याप्त मात्रा में हाथी दाँत जुटा पाना भी संभव नहीं था।

कई वैज्ञानिक इस कार्य में जुटे तथा उनमें ऐसे लोग जो हाथी दाँत का प्रतिस्थापी खोज कर इस पुरस्कार को प्राप्त करना चाहते थे, उनमें न्यूजर्सी निवासी एक अमेरिकी मुद्रक जॉन वेंसले हयात भी शामिल थे। हयात ने बिलियर्ड गेंद बनाने के लिए हाथी दाँत का जो प्रतिस्थापी बनाया, उसे उन्होंने सेलुलॉइड ट्रेड मार्क से पेटेंट करवाया।

वैसे हयात से पूर्व एलैक्जेंडर पार्कस एवं डेनियल स्पिल नामक दो अंग्रेज कार्मिक पाइरॉक्सिलिन (सेलुलोस नाइट्रेट) को कैम्फर (कर्पूर) के साथ मिलाकर एक प्लास्टिक बना चुके थे। परन्तु इसे व्यापारिक दृष्टि से महत्व दिलाने का श्रेय हयात को मिला। वस्तुतः हयात को अपने द्वारा संश्लेषित इस प्लास्टिक पर दस हजार डालर का घोषित पुरस्कार तो नहीं मिला जिसे 'फैलेन एंड कोल्लेंडर' नामक फर्म ने हाथी दांत का प्रतिस्थापी खोजने के लिए घोषित किया था, किंतु उन्होंने सेलुलॉइड से पर्याप्त व्यापारिक लाभ उठाया। सेलुलॉइड का उपयोग चश्मों के फ्रेम, कंघे, बिलियर्ड गेंदों, बटन, नकली दांत और फोटोग्राफिक फिल्म जैसे उत्पादों को बनाने हेतु किया गया। चलचित्रों के निर्माण में हयात द्वारा तैयार किए गए इस प्लास्टिक ने महत्वपूर्ण योगदान दिया। इसके ज्वलनशील होने और प्रकाश के संपर्क में आने पर खराब होने के बावजूद व्यापारिक दृष्टि से सेलुलॉइड प्लास्टिक को व्यापक सफलता मिली। बीसवीं शताब्दी के शुरू होने के ठीक पहले फ्रांस और जर्मनी में केसीन प्लास्टिक का उत्पादन प्रारंभ हुआ। वस्तुतः केसीन एक दुग्ध प्रोटीन है जिसकी फार्मेल्डीहाइड के साथ क्रिया करवाकर यह प्लास्टिक बनाया गया। आज भी कुछ बटन निर्माता इस प्लास्टिक का उपयोग करते हैं, परन्तु उपयोगिता की दृष्टि से अब यह लगभग महत्वहीन हो गया है।

इस सेलुलाइट की सफलता ने वैज्ञानिकों को इस दिशा में नए प्लास्टिक संश्लेषित करने के लिए अभिप्रेरित किया। इसी क्रम में सन्

1884 में फ्रांस के रसायन विज्ञानी एच. चारडोन्नेट ने विस्फोस रेयॉन की खोज की। तत्पश्चात् सन् 1908 में स्विस रसायनज्ञ ई. ब्रान्डेन बागर ने सेलोफेन को संश्लेषित किया। पूर्ण रूप से संश्लेषित रेजिन का उत्पादन सन् 1909 में पहली बार हुआ। वैसे जर्मन रसायन विज्ञानी डॉ. बेयर ने सन् 1872 को ज्ञात हो गया था कि फीनोल (कार्बोलिक एसिड) समूह के यौगिकों को ऐल्डीहाइड समूह के रसायनों के साथ मिलाने पर एक विशिष्ट प्रकार का रेजिन प्राप्त किया जा सकता है। वस्तुतः प्लास्टिक और रेजिन, ये दोनों शब्द समानार्थी हैं। इनमें अंतर मात्र इतना ही है कि रेजिन एक प्रकार से वह कच्चा माल है जिससे प्लास्टिक अर्थात् पक्का माल बनाया जाता है।

आज हम प्लास्टिक की जिन विभिन्न किस्मों और सभी चीजों में प्लास्टिक के इस्तेमाल को देख रहे हैं, उसकी खोज सन् 1909 में बेल्जियम मूल के अमेरिकी वैज्ञानिकी डॉ. लियो हेनड्रिक बैकलैंड (चित्र–3) ने की थी। बेल्जियम में पैदा होने वाले लियो बैकलैंड एक मोची के पुत्र थे। उनके पिता अशिक्षित थे और उन्हें अपनी तरह ही जूते बनाने के धंधे में लाना चाहते थे। उनको मालूम नहीं था कि लियो हेनड्रिक आगे पढ़ लिखकर क्या करना चाहते है? बैकलैंड के जीवन में मोड तब आया, जब वे अमेरिका आए और न्यूयार्क में हडसन नदी के किनारे पर एक घर खरीदा। इस घर में समय बिताने के लिए उन्होंने एक प्रयोगशाला बनाई। उन्होंने एक अच्छा वार्निश बनाने के उद्देश्य से कार्बोलिक एसिड तथा फार्मेल्डीहाइड को मिश्रित किया। उन्हें इस प्रयोग से वार्निश तो नहीं परन्तु एक चिपचिपा सा काला पदार्थ प्राप्त हुआ। जब उन्होंने इस पदार्थ को ऐस्बेस्टाँस में मिलाया तो वह प्लास्टिक पदार्थ बना।

प्लास्टिक का आविष्कार करने के पश्चात् 11 जुलाई 1907 को एक जर्नल में लिखे अपने लेख में बैकलैंड ने लिखा – ''अगर मैं गलत नहीं हूँ तो मेरा ये आविष्कार एक नए भविष्य की रचना करेगा।'' और यह सच भी साबित हुआ।

वस्तुतः बैकलैंड इलेक्ट्रिक मोटरों और जेनरेटरों में तारों की कोटिंग के लिए एक ऐसे पदार्थ की खोज कर रहे थे जो प्राकृतिक रूप से कीटों से प्राप्त पदार्थ लाख (गोंद जैसा एक चिपचिपा द्रव जो सूखने पर किसी भी सतह पर चिपककर पपड़ी तैयार कर देता है) का स्थान ले सके। बैकलैंड ने सन् 1912 में अपने आविष्कार का नामकरण बैकेलाइट किया।

चित्र–3. हेनड्रिक बैकलैंड

बैकेलाइट का उपयोग बिजली और अनके उपकरणों में होने लगा (चित्र–4) जहाँ तापरोधी सतह तैयार करने के लिए किसी कोटिंग की जरूरत होती थी। यह एक सच्चा प्लास्टिक था जो विशुद्ध रूप से संश्लेषित सामग्री से बना था। और जिसे गरम करके पिघलाते हुए किसी भी रूप में ढाला जा सकता था। बैकेलाइट प्लास्टिक सस्ता, मजबूत और टिकाऊ था और इससे रेडियो, टेलीफोन, घड़ी, बिलियर्ड गेंदे, बर्तनों के हत्थे, पावर ब्रेक, टेलीफोन रिले सिस्टम और इलेक्ट्रिकल स्विच गियर, प्रेशर–कुकर के हत्थे आदि अनेक चीजों को बनाने में इसका उपयोग किया जाता है।

चित्र–4. बिजली के तारों की विद्युत कुचालक प्लास्टिक कोटिंग

वस्तुतः बैकेलाइट की खोज से ही प्लास्टिक उद्योग की सही मायने में शुरूआत हुई। परन्तु बैकलैंड के लिए दुःख की बात यह रही कि बैकेलाइट का पेटेन्ट की अवधि 1930 में समाप्त हो गई और तब तक एक अलग प्रक्रिया का इस्तेमाल कर प्लास्टिक बनाने वाली कंपनी कैटिलिन कॉर्पोरेशन ने नया पेटेंट प्राप्त कर लिया। इस कंपनी ने अपने प्लास्टिक को कैटलिन प्लास्टिक का नाम दिया था। बीसवीं सदी के तीसरे दशक के उत्तरार्द्ध से लेकर द्वितीय विश्वयुद्ध के बीच की समयावधि में प्लास्टिक पदार्थों की माँग अत्यधिक तेजी से बढ़ी। इस दौरान कई प्लास्टिक पदार्थों का व्यापारिक उत्पादन भी शुरू हुआ।

इस दौरान कई महत्वपूर्ण प्लास्टिक यथा – पॉलिविनाइल क्लोराइड (पी वी सी), पॉलिऐमाइड (नायलॉन), पॉलिएथिलिन (पॉलिथीन) और पॉलिस्टाइरीन आदि प्रमुख प्रचलित हुए। वैसे विनाइल रेजिनों की खोज तो बहुत पहले, लगभग सन् 1838 के आसपास हो गई थी। परन्तु इन रेजिनों से प्लास्टिक बनाने का कार्य बीसवीं शताब्दी के चौथे दशक के प्रारंभिक वर्षों में सम्पन्न हो पाया। ऐक्रिलिक्स समूह के इन प्लास्टिक पदार्थों में पीवीसी और पॉलिमेथिल मेथएक्रिलेट व्यापारिक दृष्टि से महत्वपूर्ण माने जा सकते हैं। पॉलिमेथिल मेथएक्रिलेट की कुछ महत्वपूर्ण व्यापारिक किस्मों में पर्सपेक्स, ओरोग्लास और प्लैक्सिग्लास उल्लेखनीय हैं।

प्लैक्सिग्लास 'सिलिकेट ग्लास' की तुलना में वजन में आधा परन्तु भंगुर होने की दृष्टि से सात गुना अधिक मजबूत होता है तथा यह काँच की तरह पारदर्शी भी होता है। ऐक्रेलिक प्लास्टिक का उपयोग जूतों से लेकर उच्च कोटि की प्रसाधन सामग्री को तैयार करने में किया जाता है।

प्लास्टिक की एक महत्वपूर्ण किस्म है। पॉलीथीन या पॉलीथिलीन (पी ई)। इसको सन् 1933 में आर. गिब्सन और एरिक इंपीरियल

कैमिकल इंडस्ट्रीज (आईसीआई) में खोजा था। इसी तरह प्लास्टिक का एक उपयोगी प्रकार टेलॉन यानी पॉलीटेट्रफ्लोरोएथिलीन (पीटीएफई) भी है। इसे सन् 1938 में परमाणु बम के लिए यूरेनियम को परिष्कृत करने की प्रक्रियाओं में संयोगवश खोजा गया था। इसकी कम घर्षण वाली सुरक्षात्मक कोटिंग की विशेषता ने इसकी लोकप्रियता बढ़ाई।

पॉलिऐमाइड रेजिनों में नायलॉन एक प्रमुख प्लास्टिक है। रासायनिक दृष्टि से नायलॉन ऊन के सन्निकट है। वस्तुतः नायलॉन को सन् 1935 में संश्लेषित कर लिया गया था। परन्तु व्यापारिक दृष्टि से इसका उत्पादन सन् 1939 के दिसमबर माह में शुरू हुआ।

नायलॉन का सर्वप्रथम उपयोग पैराशूट बनाने में किया गया। सन् 1940 में ऐसे टूथब्रश बनने शुरू हुए जिनमें ब्रश के रेशे नायलॉन से बनाये गए। इसी प्रकार जनमानस में नायलॉन तब प्रसिद्ध हुआ जब सन् 1950 में इससे बनाये गये मोजों (जुराबों) की बिक्री शुरू हुई। नायलॉन की कई किस्में होती है इनमें से नायलॉन–6, नायलॉन–66 और नायलॉन –610 प्रमुख है। इन नायलॉनों के साथ की संख्या का अभिप्राय इन्हें संश्लेषित करने हेतु उपयोग में लाए जाने वाले प्रारंभिक या आधारभूत रसायनों में उपस्थित कार्बन परमाणुओं से हैं। उदाहरणार्थ – नायलॉन–6 का संश्लेषण साइक्लोहेक्सानॉन नामक जिस रसायन से किया जाता है उसमें कार्बन परमाणुओं की सख्या छह होती है। नायलॉन–66 ऐडिपिक एसिड (कार्बन परमाणुओं की संख्या 6) और हेक्सामेथिलीन डाइऐमीन (कार्बन परमाणुओं की संख्या 6) से बनाया जाता है। और नायलॉन–610 को बनाने में हेक्सामेथिलीन डाइ ऐमीन (छह कार्बन परमाणु) और सिबेसिक एसिड (दस कार्बन परमाणु) का इस्तेमाल होता है।

सन् 1940 से लेकर सन् 1950 तक की अवधि के दौरान कई महत्वपूर्ण रेजिनों की खोज हुई और इनका व्यापारिक उत्पादन शुरू हुआ। इसमें असंतृप्त (अनसेचुरेटेड) पॉलिएस्टर, अल्प घनत्व पॉलिएथिलीन अल्प घनत्व पॉलिएथिलीन अल्प घनत्व पॉलिएथिलीन (Low density polyethylene), फ्लोरो कार्बन सेलुलोस प्रोपिओनेट, एमॉक्सीरेजिन, सिलिकोन्स और एक्रिलोनाइट्राइल – ब्यूटाडाईन स्टाइरीन (एबीएस) प्रमुख है। सन् 1953 में जर्मन रसायनशास्त्री कार्ल जीगलैर ने उच्च घनत्व पॉलिएथिलीन एच डी पी ई या (High Density Polyethylene) और सन् 1954 में इटली के रसायनज्ञ गियुलिओ नाट्टा ने प्रोपिलीन के बहुलकीकरण से पॉलिप्रोपिलीन नामक प्लास्टिक बनाए। इस

महत्वपूर्ण कार्य के लिए इन दोनों रसायनविद्ों को सन् 1963 में इन प्लास्टिक रेजिनों को संश्लेषित करने हेतु रसायनविज्ञान के नोबेल पुरस्कार से अलंकृत किया गया। उच्च घनत्व पॉलिएथिलीन, को उच्च तापमान और दाब पर एक उत्प्रेरक की उपस्थिति में एथिलीन के बहुलकीकरण से तैयार किया जाता है। अल्प घनत्व पॉलिएथिलीन का घनत्व 0.910 से लेकर 0.940 ग्राम प्रति घन सेंटीमीटर होता है जबकि उच्च घनत्व पॉलिएथिलीन का घनत्व 0.941 से लेकर 0.965 ग्राम प्रति घन सेंटीमीटर के बराबर होता है। इन प्लास्टिक रेजिनों का उपयोग बिजली के तारों को विद्युत् रोधी बनाने से लेकर बोतलों, पीपों और मर्तबानों को बनाने में होता है। पॉलिप्रोपिलीन से तैयार प्लास्टिक पॉलिएथिलीन से कहीं अधिक मजबूत, हल्का, ताप तथ रसायनरोधी होता है।

वर्ष 1956 में अमेरिका की प्रसिद्ध फर्म ड्यू पोन्ट ने पॉलिमाइड प्लास्टिक बनाया। यद्यपि यह प्लास्टिक बहुत महंगा होता है किन्तु अपनी उपयोगिता के कारण यह उपभोक्ताओं में आसानी से लोकप्रिय हो गया। इस वर्ग के कुछ प्लास्टिक शून्य से 250° सेल्सियस से नीचे तापमान से लेकर 400° सेल्सियस तक के तापमान को सह सकते है। अपने इस विशिष्ट गुणों के कारण इस समूह के प्लास्टिक रेजिनों का उपयोग इलेक्ट्रॉनिक्स, परमाणु ऊर्जा, ऐरोस्पेस जैसे महत्वपूर्ण उद्योगों में होता है। आजकल इंजीनियरिंग उद्योग में कुछ महत्वपूर्ण प्लास्टिक रेजिनों, यथा – पॉलिकार्बोनेट (पीसी) पॉलिऐसीटिल, पॉलिएमाइड, एक्रिनोनाइट्राइल ब्यूटाडाईन स्टाइरीन, पॉलिप्रोपिलीन, एसोटेरिक प्लास्टिक्स, पॉलिफेनिलीन ऑक्साइड, पॉलिएथिलिन टेरेफ्थेलेट, पॉलिईथर सल्फोन और पॉलिफेनिलीन ईथर प्रमुख हैं।

विगत कुछ वर्षों में विभिन्न कार्बनिक यौगिकों के उपयोग से कई उपयोगी प्लास्टिक बनाए गए। पॉलिट्रेटा–फ्लोरोएथिलीन अथवा टेफ्लॉन भी ऐसा ही एक अत्यधिक उपयोगी प्लास्टिक है। इस प्लास्टिक की खोज आज से लगभग 80 वर्ष पूर्व तब हुई जब अमेरिका की प्रसिद्ध कंपनी ड्यू पोन्ट की एक प्रयोगशाला में टेट्राफ्लोरो एथिलीन गैस के सिलेंडरों की सफाई हो रही थी। ड्यू पोन्ट में इस गैस का उपयोग क्लोरोफ्लोरोकार्बन प्रशीतकों (कूलेन्ट्स) को बनाने के लिए होता था। गैस सिलेन्डरों की सफाई के दौरान रॉय प्लनकैटर नामक युवा रसायन विज्ञानी की दृष्टि एक सिलिन्डर की तलहटी में जमे सफेद ठोस पदार्थ पर पड़ी। जब इस पदार्थ की जाँच की गई तो ज्ञात हुआ कि यह

टेट्राफ्लोरोएथिलीन के बहुलकीकरण (पॉलिमाराइजेशन) से बना रेजिन पॉलिटेट्राफ्लोरोएथिलीन है जिसे संक्षेप में पीटीएफई अथवा टेफ्लॉन नाम दिया गया। जब इसका उपयोग किया जाने लगा तो कुछ समस्याएँ आई तो वैज्ञानिकों में इसकी सहायता से हॉसटेफ्लॉन जैसे नए प्लास्टिक रेजिन बनाए।

टेफ्लॉन के उपयोग से ही 'नॉन स्टिकिंग' गुणों वाले रसोई के बर्तन बनाने में सफलता प्राप्त हुई है। हॉसटेफ्लॉन, एथिलीन और टेट्राफ्लोरोएथिलीन के बहुलकीकरण से तैयार किया जाता है। आज उद्योग ज़गत में पीटीएफई पर आधारित प्लास्टिकों का बहुत महत्वपूर्ण स्थान है। इनका मिसाइलों से लेकर, ग्रीन हाऊस बनाने तक में उपयोग हो रहा है।

प्रायशः सभी प्लास्टिक पदार्थ बिजली एवं ताप के कुचालक होते हैं। परन्तु सन् 1977 में एक ऐसा प्लास्टिक संश्लेषित किया गया जो बिजली एवं ताप का सुचालक है। इसी प्रकार सन् 1981 में एक ऐसी बैटरी का प्रदर्शन किया गया जिसके इलेक्ट्रोड प्लास्टिक के थे। ऐसे विद्युत् चालक प्लास्टिक की खोज भी एक जापानी छात्र के भूल के कारण हुई। यह छात्र टोक्यो इंस्टीट्यूट ऑफ टेक्नोलॉजी स्थित हाइडैकी शिरकावा प्रयोगशाला में एसीटिलीन से पॉलिएसीटिलीन बना रहा था किन्तु उसने भूलवश इस क्रिया में प्रयुक्त उत्प्रेरक की एक हजार गुना अधिक मात्रा का उपयोग कर लिया। इस गलती के फलस्वरूप, उस छात्र को जो पॉलिएसीटिलीन प्राप्त हुआ, वह धातुओं की तरह चमकीला और बिजली का सुचालक था। इसके पश्चात् इस पॉलिएसीटिलीन पदार्थ की आयोडीन से डोपिंग करके युनिवर्सिटी ऑफ पेनसिलवेनिया में मैकडायरमिड, एलैन जे. हीगैर और शिरकावा ने जो प्लास्टिक पदार्थ बनाया, वह विद्युत और ताप का बहुत अच्छा सुचालक पाया गया। वैज्ञानिक को ऐसे बेहतरीन प्लास्टिकों के संश्लेषण की आशा है जो विद्युत् क्षेत्र में कारगर सिद्ध होंगे। अब वैज्ञानिकों ने ऐलॉय और प्रबलित मिश्र प्लास्टिक बनाया है जो गुणवत्ता की दृष्टि से अत्युत्तम होंगे।

प्लास्टिक के रोचक तथ्य

प्लास्टिक की दुनिया बड़ी विचित्र है। आजकल प्लास्टिक ने हर क्षेत्र में अपना स्थान प्राप्त कर लिया है। परन्तु इसके कुछ विशिष्ट रोचक तथ्य है, जो बड़े चिन्तन योग्य है तथा निम्नलिखित हैं –

1. एक प्लास्टिक की बोतल पुनर्चक्रित करने से इतनी ऊर्जा बचाई जा सकती है कि एक 60 वॉट का बल्ब 6 घंटे तक जल सकता है।
2. प्लास्टिक की आधी वस्तुएँ (लगभग 50 प्रतिशत) हम मात्र एक बार काम में लेकर फेंक देते हैं।
3. पूरी दुनिया के कुल तेल का 8 प्रतिशत प्लास्टिक उत्पादन में लग जाता है।
4. प्रतिवर्ष पूरे विश्व में इतना प्लास्टिक फेंका जाता है कि इससे पूरी पृथ्वी के चार घेरे बन जाएं।
5. एक प्लास्टिक बैग अपने वजन से दो हजार गुना अधिक बोझ उठा सकता है।
6. प्रतिवर्ष लगभग एक लाख पशु प्लास्टिक बैग के कारण मर जाते हैं।
7. प्लास्टिक बैग को समाप्त होने में लगभग एक हजार वर्ष लगते हैं।
8. भारत में प्रतिवर्ष प्रत्येक व्यक्ति द्वारा लगभग 9.7 किलो प्लास्टिक उपयोग में लाया जाता है, जबकि अमेरिका में प्रति व्यक्ति द्वारा इससे लगभग दस गुना अधिक उपयोग किया जाता है।
9. पूरे विश्व में मात्र रवांडा ही ऐसा देश है जहाँ प्लास्टिक के उपयोग पर प्रतिबंध है।
10. प्लास्टिक के उपयोग के बाद इसे समुद्र में फेंका जाता है जो भविष्य के लिए खतरे का सूचक है।
11. स्टारबक्स (Starbucks) कप कभी भी पुनः चक्रित नहीं होते क्योंकि उनके आंतरिक भाग में प्लास्टिक होता है।
12. जब भी हम नयी कार खरीदते हैं तो उसमें से एक अलग तरह की गंध आती है यह गंध वास्तव में प्लास्टिक का प्लास्टिकिजेर्स है जो अधिक मात्रा में उपयोग करने से गंध छोड़ता है।

13. बीजिंग में यात्रियों से 'सब वे' में जाने के लिए टिकट की जगह उपयोग में लायी गई प्लास्टिक की बोतल ली जाती है जिससे उन बोतलों का पुनः उपयोग न हो सके।
14. एक आंकलन के अनुसार अमेरिका में हर पांच सेकंड में लगभग 60,000 प्लास्टिक बैग उपयोग किये जाते हैं।
15. फिनलैण्ड में 10 में से 9 प्लास्टिक बोतल को पुनर्चक्रित किया जाता है।
16. विश्व में समुद्र में फेंके गये सर्वाधिक कचरे में अधिकांश भाग प्लास्टिक का होता है।
17. एक आकलन के अनुसार विश्व में 500 खरब प्लास्टिक बैग प्रयोग किए जाते हैं अर्थात् हर मिनट लगभग 20 लाख प्लास्टिक बैग का प्रयोग होता है।
18. प्लास्टिक अजैव निम्नीकरणीय होता है, ये ऐसे पदार्थ होते हैं जो बैक्टीरिया के द्वारा प्रायशः ऐसी अवस्था में नहीं पहुंच पाते हैं जिससे पर्यावरण को कोई हानि न हो।

प्लास्टिक का वर्गीकरण

प्लास्टिक को मौटेतौर पर दो भागों में वर्गीकृत किया जाता है, यथा–

1. थर्मोप्लास्टिक (Thermoplastic) या ताप सुघट्य प्लास्टिक, वे प्लास्टिक है जिन्हें गरम करने पर वे नरम हो जाते हैं, तथा पिघल भी जाते हैं, यथा – पॉलीथीन, बाइनिल प्लास्टिक, पॉलीस्टायरीन, नाइसान तथा पीटीएफई आदि।

2. थर्मोसेट प्लास्टिक (Thermoset Plastic) इन्हें ताप दृढ प्लास्टिक भी कहते हैं। ऐसे प्लास्टिक गरम करने पर नरम नहीं पड़ते और आसानी से पिघलते भी नहीं हैं। इस समूह में बेकेलाइट, एक्रेलिक, पॉलिएस्टर, पॉलीयूरेथिन, हैलोगनेटेड, इलास्टोमर, पॉलीप्रोपाइलिन, पॉली–विनाइल क्लोराइड, पॉलीमाइड यानी नायलॉन आदि आते हैं।

सिलिकोन्स समूह के प्लास्टिक पदार्थ सिलिकॉन, मेथिल क्लोराइड एवं पानी से बनाए जाते हैं। ऐसे प्लास्टिक रेजिन द्रव तथा ठोस दोनों अवस्था में होते हैं। संरचना की दृष्टि से सिलिकोन्स अन्य

प्लास्टिकों से बिल्कुल भिन्न होते हैं और इनका उपयोग ग्रीज एवं वार्निश के रूप में भी किया जाता है।

वस्तुतः उपर्युक्त दोनों समूहों के प्लास्टिक में कोई विशेष अन्तर नहीं होता हैं। एक वर्ग या समूह के प्लास्टिक को दूसरे समूह में आने वाले प्लास्टिक में बदला जा सकता है। दोनों प्रकार के प्लास्टिक समूहों यथा – ताप सुघट्य (थर्मोप्लास्टिक) तथा तापदृढ प्लास्टिक (थर्मोसेट प्लास्टिक) के सामानों को चित्र–5 में दर्शाया गया है।

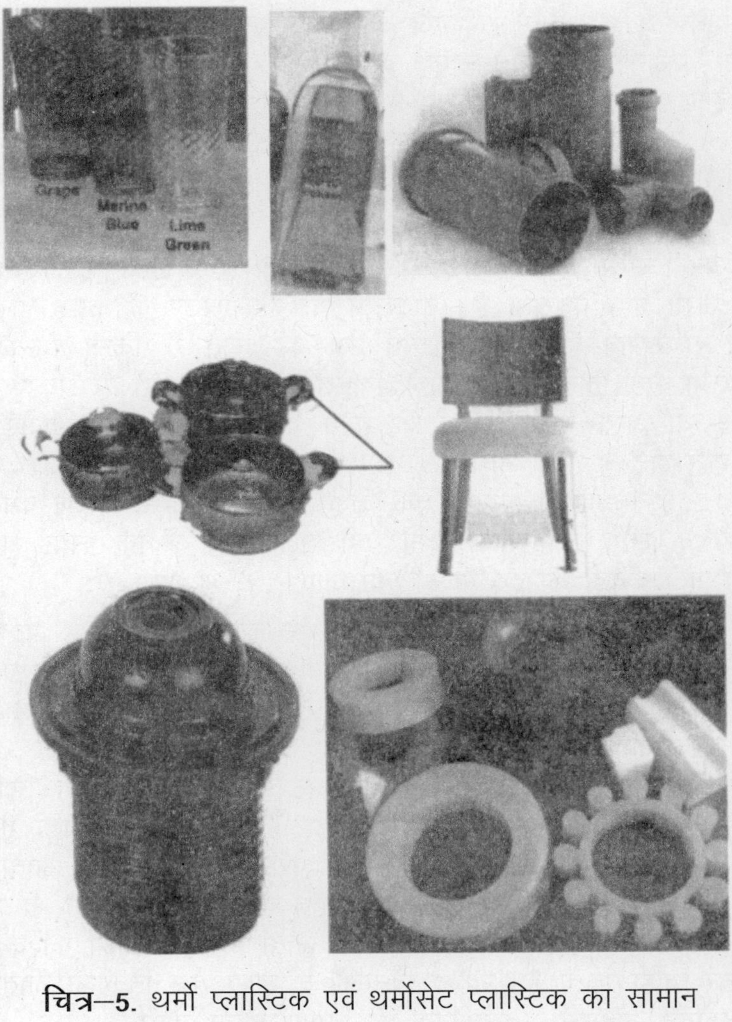

चित्र–5. थर्मो प्लास्टिक एवं थर्मोसेट प्लास्टिक का सामान

विभिन्न प्रकार के प्लास्टिक विषयक जानकारी

1. सेल्युलोज या सेलुलोस यह विदित ही है कि हम सभी ऊन, रेशम तथा रूई से बने कपड़े का प्रयोग करते हैं। इनमें से ऊन तथा रेशम की अपेक्षा रूई प्लास्टिक की चीजें बनाने की दृष्टि से अधिक उपयोगी सिद्ध हुई है। इस कारण आज के इस प्लास्टिक युग में भी रूई का अस्तित्व बना हुआ है। वस्तुतः रूई में 'सेल्युलोज' नामक पदार्थ पाया जाता है। प्रायशः हर वनस्पति में उसका अनुपात अलग–अलग होता है। वनस्पतिजन्य पदार्थों में ग्लूकोज के हजारों अणु एकत्रित गुंथे हुए पाए जाते हैं। अनसेलमे पायेन नामक वैज्ञानिक ने लगभग एक सौ सत्तर वर्ष पूर्व इस पदार्थ का आविष्कार किया और उसे 'सेल्युलोज' नाम दिया। बिनौलों से युक्त रूई में सेल्युलोज लगभग 99% तक पाया जाता है। सेल्युलोज में ऐसी विशेषताएँ पाई जाती है जिनका बेहतर उपयोग लेने में मनुष्य को बहुत सफलता मिली है।

गरमी से सेल्युलोज न तो पिलपिला होता है, न मुलायम और न ही मोम जैसा वह पिघलता है। नायलॉन या पॉलिएस्टर के कपड़े इस्तिरी करने से खराब होते हैं या उनमें छेद पड़ जाते हैं, किन्तु सेल्युलोज पर ऐसा नहीं होता है। आपको विदित होगा कि घरों में पकाए हुए चावल या अन्य खाद्य पदार्थ के गरम बरतन स्त्रियाँ सूती कपड़े से पकड़कर झट चूल्हे से नीचे रख देती है। इसका तात्पर्य यह है कि सूती कपड़ा कुछ निर्धारित तापमान तक टिक सकता है। इसी कारण दमकल विभाग के लोग तथा डॉक्टर भी यही सलाह देते हैं कि रसोई बनाते समय सूती कपड़ों का इस्तेमाल किया जाए।

सेलुलोस किसी भी पदार्थ के द्रव (अम्लरस, एसिड तथा अल्कली (क्षार)) में नहीं पिघलता। इसलिए रासायनिक कारखानों में सूती कपड़े का उपयोग अधिक उचित समझा जाता है। कपास से निकली हुई रूई को उच्च कोटि का सेल्युलोज समझा जाता है। बिनौलों के ऊपर की रूई यंत्रों की सहायता से अलग निकाली जाती है। इसी को 'जिनिंग प्रोसेस' कहा जाता है। इस प्रकार निकाली गई रूई से कपड़ा तैयार किया जाता है। यद्यपि रूई बिनौलों से पूरी तरह अलग की जाती है, फिर भी उन पर छोटे–छोटे तंतु बचे रहते हैं। इन तंतुओं को भी यंत्रों की सहायता से बिनौलों से अलग किया जाता है। इन तंतुओं को कॉटन लिंटनर्स कहा जाता है। स्वच्छ बिनौलों से खाद्य तेल निकाला जाता है और कॉटन लिंटनर्स से प्लास्टिक का निर्माण किया जाता है।

कॉटन लिंटनर्स पर सल्फ्यूरिक तथा नाइट्रिक अम्ल की रासायनिक प्रक्रिया से ग्लूकोज की बहुत बड़ी श्रृंखला खंडित हो जाती है और उसके टुकड़े–टुकड़े हो जाते हैं। ये ही नाइट्रोसेल्युलोज कहलाते हैं। वस्तुतः यह रूई का चूर्ण ही होता है और यह ज्वालाग्राही होता है। इसका उपयोग सेना के गोला–बारूद में किया जाता है। घरेलू फर्नीचर या चमड़े की चीजों को चमकीला बनाने में भी इसे काम में लिया जाता है। कॉटन लिंटनर्स पर अनेकानेक रासायनिक प्रक्रिया द्वारा विविध प्रकार की विशेषताओं से युक्त प्लास्टिक का निर्माण किया जाता है। कॉटन लिंटनर्स पर अल्कली की रासायनिक प्रक्रिया की जाती है। उसके पश्चात् कार्बनडाइसल्फाइड एवं पुनः एल्कली की प्रक्रिया से रूई का द्रव तैयार किया जाता है। उसे विस्कोस कहा जाता है। इस विस्कोस से रेयॉन तथा सेलोफेन फिल्म बनाई जाती है। सेलोफेन में अलग–अलग रंग मिलाकर कई किस्म की रंगीन फिल्में तैयार की जाती है, जो उपहार तथा मिठाई के बॉक्स जैसी वस्तुओं के आवरण बनाने में काम आती है। सेल्यूलोज एसीटेट (सी.ए., सी.डी.ए. एवं सी.ए.बी.) पाउडर अनेक नामों से जो कोष्ठक में दिए गए हैं, बाजार में उपलब्ध है इनका उपयोग एक्स–रे अथवा चित्रपटों के लिए कच्ची फिल्म बनाने में किया जाता है। इसके अलावा इनका उपयोग विभिन्न प्रकार के खिलौने, स्क्रू ड्राइवर जैसे उपकरणों की मुठिया, कंघे, टूथब्रुश, दीपकों के रॉडस, घरेलू चीजें, बॉल पाइन्ट पेन तथा अन्य प्रकार के पेन आदि हजारों किस्म की चीजें बनाई जाती है।

सी.ए., सी.ए.बी. के समान ही इथाइल सेलुलोस, सी.एम.सी. (सोडियम सॉल्ट) अथवा ऐसे ही अन्य पदार्थ कॉटन लिंटनर्स के द्वारा बनाए जाते हैं। आइसक्रीम बनाते समय सी.एम.सी. का उपयोग अल्प मात्रा में (0.2%) किया जाता है। इससे आइसक्रीम जल्दी जम जाती है और उसमें चीनी या बर्फ के कण उत्पन्न नहीं होते हैं। इस प्रकार कॉटन लिंटनर्स की प्लास्टिक बनाने में उपयोगिता स्वतः सिद्ध हो जाती है।

2. **थर्मोकोल** : इसका रासायनिक नाम पॉलिस्टायरीन फोम है। वस्तुतः पॉलिस्टायरीन नामक प्लास्टिक पदार्थ 'स्टायरीन नामक द्रव से बनाया जाता है। रसायन विज्ञानियों को स्टायरीन का ज्ञान लगभग एक सौ साठ वर्ष पूर्व से ही है। तथा विगत अस्सी वर्षों से इसका उत्पादन व्यापक पैमाने पर किया जा रहा है। स्टायरीन को बेंजीन से प्राप्त एथिल बेंजीन से तैयार किया जाता है। स्टायरीन को अपने शुद्ध रूप में बोतल में बंद रखा जाए तो कुछ दिनों में वह अपने आप कठोर पड़ जाता है।

इसमें कुछ विशेष प्रकार की गंध आती है। यह पारदर्शक तथा ज्वलनशील पदार्थ है। फिर भी अन्य रसायनों की भांति इसे हाथ में लिया जा सकता है। इसे स्टेनलेस स्टील तथा ऐलुमिनियम के ड्रमों में रखा जाता है तथा एक स्थान से दूसरे स्थान तक सुरक्षित ढंग से लाया जा सकता है।

सन् 1900 के लगभग ऑस्टोमिसलेंस्की एवं स्टॉडिंजर नामक वैज्ञानिकों ने गहन अनुसंधान कर यह ज्ञात किया कि स्टायरीन के कण उष्णता से एक दूसरे से जुड़ जाते हैं। अतः स्टायरीन को द्रव रूप में बोतल में बंद करने से वह पॉलिस्टायरीन में परिवर्तित हो जाता है। और बोतल में ही वह कठोर बन जाता है। थर्मोफॉर्मिंग पॉलिस्टायरीन फोम नाम का पदार्थ भारत में लाने का श्रेय रुडाल्फ कोल नामक वैज्ञानिक को प्राप्त है और उसका नामकरण थर्मोकोल किया गया।

जब पॉलिस्टायरीन फोम को दिए आकार का ढांचा तैयार हो जाता है तो इसे अलग–अलग प्रकार की दवाओं, रसायनों, चिकित्सालयों की चीजों, टेपरिकॉर्डर, टी.वी. आदि चीजों के संरक्षक आवरण के रूप में इसका उपयोग किया जाता है। इन तख्तों का भार हल्का होता है। और इनमें आघात सहने की भी क्षमता होती है। पानी या तनु अम्लक्षार का भी इन पर कोई प्रभाव नहीं पड़ता है। अतएव यातायात की दृष्टि से यह लाभप्रद होता है। पॉलिस्टायरीन फोम के गत्ते का उपयोग रेफ्रिजरेटर, वातानुकूल चित्रपटगृह आदि में किया जाता है। हेलमेट के भीतरी भाग में भी यही फोम लगाया जाता है जिससे सिर को किसी भी प्रकार की चोट न लग जाए। इस पर पॉलियूरेथेन का मुलायम फोम लगाया रहता है। बड़े–बड़े कारखानों में ठंडा पानी ले जाने वाले पाइपों में रोधी पदार्थ (insulating material) के रूप में भी यह लगाया जाता है।

थर्मोकोल कलाकारों के लिए भी बहुत उपयोगी चीज मानी जाती है। प्रायशः वे इसका उपयोग मंदिर, राजमहल, सिनेमा के सेट आदि बनाने में करते हैं। वर्ष 1960 के पश्चात् थर्मोकोल का उत्पादन एवं लोकप्रियता बहुत बढी है। केवल पॉलिस्टायरीन की मणियों का उपयोग चाय के ट्रे, ठंडे पेय के कप (चित्र–6) फर्नीचर के काम आने वाली वस्तुओं, साबुन रखने की डिबियों दरवाजे पर लगाए जाने वाली मालाओं के परदे, टूथब्रुश, कैसेटस आदि वस्तुएं बनाने में किया जाता है।

चित्र–6. स्टायरोफोम कप

यह रसायन (पॉलिस्टायरीन) थोड़ा सा भुरभुरा होता है। फिल्मों या शीटों पर थोड़ा सा दाब डालने पर भी वह टूट जाता है। इसका यह भुरभूरापन दूर करने के लिए बहुलकीकरण की प्रक्रिया के समय उसमें एक्रीलोनाइट्राइल मिलाया जाता है। इससे तैयार होने वाले, प्लास्टिक को 'सान' कहा जाता है। स्टायरीन एक्रिलोनाइट्राइल – ब्यूटाडाइन से निर्मित प्लास्टिक को 'ए बी एस प्लास्टिक' कहते हैं। 'सान' या ए बी एस प्लास्टिक से रेडियो, टी.वी. कैबिनेट, कैमरा, मजबूत खिलौने, पाइप्स आदि रोजमर्रा के व्यवहार में काम आने वाली वस्तुएं बनाई जाती है। इसी प्रकार मोटरकारों के उद्योग में भी अनेक स्थानों पर इसका उपयोग किया जाता है।

पॉलिस्टायरीन जैसे उपयोगी, प्लास्टिक का उत्पादन करने वाली दो बड़ी कंपनियां (पॉलिकेम, हिंद पॉलिमर्स) हमारे देश में हैं। उसी प्रकार चार बड़ी कंपनियां ए.बी.एस. प्लास्टिक की निर्मिति कर रही हैं। भारत में सन् 1957 में मुंबई की पॉलिकेम कंपनी ने सर्वप्रथम पॉलिस्टायरीन के उत्पादन का काम शुरू किया। आज हमारे देश में साठ हजार से अधिक टन के लगभग पॉलिस्टायरीन का उत्पादन हो रहा है। तथा इसका उपयोग भी निरंतर बढ़ता जा रहा है।

3. विशिष्ट गोंद पॉलिवायलीन अल्कोहल (पी.वी.ए.): प्रायशः बच्चे पतंग की डोरी, फटी पतंग, कॉपियाँ, पुस्तकें आदि चिपकाने के लिए गेहूं के आटे की लेई या उबाले हुए चावल का उपयोग करते थे। इसी

प्रकार मकई, गेहूं, इमली के बीज आदि के आटे का उपयोग, विशेषकर वस्त्रोद्योग में अलग प्रकार से किया जाता है। इन वस्तुओं की विशेष विशेषता इनका चिपचिपापन होता है। जिसे इन्हें गोंद या लेई कहते हैं। आजकल पॉलिमर पदार्थों का उपयोग गोंद बनाने के लिए भी किया जा रहा है इस कारण अनेक उद्योग व्यवसायों का भी उत्कर्ष हुआ है। लकड़ी, वालपेपर, पेपरकटिंग तथा वस्त्रोद्योग में इस प्रकार का उपयोग अधिकाधिक मात्रा में किया जाने लगा है। वैज्ञानिक शोध के लाभ को धीरे–धीरे आम आदमी तक पहुंचाने के प्रयासों को गति दी जा रही है। इस कारण सामान्य आदमी भी फेवीकोल बिमीकॉल जैसे गोंद के बारे में जानने लगे हैं। बढ़ई लोगों के लिए यह गोंद बहुत ही महत्वपूर्ण सिद्ध हुआ है।

वस्तुतः इस प्रकार का विशिष्ट गोंद पॉलिवायलीन अल्कोहल (पी.वी.ए.) से बनाया जाता है। इसे सबसे पहले जर्मनी में सन् 1924 में डब्ल्यू. ओ. हरमन तथा डब्ल्यू. हीनेल नामक वैज्ञानिकों ने बनाया। इसी के लगभग प्रो. हरमन स्टॉडिंजर तथा उनके सहयोगियों ने भी इसे स्वतंत्र रूप से तैयार किया।

पॉलिवायलीन अल्कोहल (पी.वी.ए.) वायनील एसीटेट नामक द्रव से तैयार किया जाता है। वायनील एसीटेट नामक द्रव पर कुछ रासायनिक प्रक्रियाएं की जाती है और तब पॉलिवायनील एसीटेट तैयार किया जाता है। इस पॉलिवायनील एसीटेट पर अल्कली की रासायनिक प्रक्रिया अत्यन्त सतर्कता से की जाती है। यह प्रक्रिया अत्यन्त महत्वपूर्ण मानी जाती है तथा इस पर पी.ए.वी. की विशेषताएँ निर्भर करती है। इस प्रकार यह पदार्थ जब तैयार हो जाता है तब उससे गोंद, फिल्में, इमल्शन पेंट आदि वस्तुएं बनाई जाती है।

यह पदार्थ पहले पानी में फूलता है और उसके बाद घुल जाता है। यह गरम पानी में शीघ्र घुल जाता है। निपोन सिंथेटिक केमिकल कंपनी ने सन् 1949 के आसपास जापान में पॉलिवायनील अल्कोहल का उत्पादन प्रारंभ किया। विशेष गुणों से युक्त पी.वी.ए. से जापान में 'वीनीलॉन' नाम का धागा भी बनाया जाता था। इस धागे का उपयोग करके फर, कालीन, टारपोलीन आदि वस्तुएँ भी बनाई जाती थी। इस पॉलिमर का उपयोग वस्त्र उद्योग में 40 प्रतिशत, कागज बनाने में 23–25 प्रतिशत, पायसीकारक या इमल्सीफायर में 15 प्रतिशत गोंद आदि बनाने में 10–12 प्रतिशत तथा 10 प्रतिशत अन्य कार्यों में किया जाता है।

शनैः शनैः पी.ए.वी. की लेई का नायलॉन के धागे पर प्रयोग किया जाने लगा। इस लेई के कारण ऐसा प्रेक्षित किया जाने लगा कि कपड़ा यंत्रों पर से जल्दी–जल्दी सरकता है तथा कपड़े में एक अलग ढंग का ही स्पर्श पैदा होता है। अनुसंधानों से विदित हुआ कि पी.ए.वी. का उपयोग विविध प्रकार से लाभदायक हो सकता है। इसके कारण जल प्रदूषण की समस्या नहीं होती है तथा यह आर्थिक दृष्टि से भी बहुत उपादेय है।

पी.ए.वी. की कागज उद्योग में भी बहुत उपयोगिता सिद्ध हो चुकी है। इससे कागज पर पक्का रंग चढ़ जाता है और वह अच्छी तरह से चमकता भी है। ऐसे कागज पर छपाई भी अच्छी होती है तथा कागज की पानी सोख लेने की मात्रा घट जाती है जिससे उत्पादन खर्च कम आता है। पेपर बोर्ड, कार्बन पेपर, बैंक नोट के कागज, डाक विभाग के टिकट आदि के लिए पी.ए.वी. का उपयोग किया जाता है।

लकड़ी एवं कागज चिपकाने का काम भी पी.ए.वी. गोंद से अच्छी तरह सम्पन्न होता है लकड़ी के टूटे हुए खिलौने, गणेशोत्सव या दुर्गोत्सव में सजावट के लिए काम में लाए जाने वाले नक्काशीदार तख्ते, लकड़ी के फर्नीचर में चिपकाया जाने वाला सनमायका या फोरमायका आदि को जोड़ने–चिपकाने में पी.ए.वी. से बनाया जाने वाला गोंद काम में लाया जाता है। दीवारों पर चढ़ाए जाने वाले रंग को पक्का करने के लिए थोड़ी मात्रा में इस गोंद को रंगों में मिलाया जाता है। इसी प्रकार कांक्रीट या प्लास्टरिंग के समय में भी इसका लेप चढ़ाया जाता है।

वस्त्र उद्योग, रंग, लकड़ी, पैकिंग फिल्मस् आदि के कार्यों में बहुलक का प्रयोग किया जाता है। यद्यपि हमारे देश में पी.ए.वी. का बहुत मात्रा में उत्पादन तो हो रहा है परन्तु इसकी माँग की आपूर्ति हेतु इसका विदेशों से आयात भी करना पड़ता है। अतः इसके उत्पादन को बढ़ाने की महती आवश्यकता है।

4. टेफ्लॉन (संगमरमर जैसा प्लास्टिक) इसका रासायनिक नाम पॉलिटेट्राफ्लोराइथिलीन हैं। इसकी खोज सन् 1933 में प्लंकेट ने की थी। इसके पूर्व रफ तथा ब्रेश्टस्नायडर नाम के दो वैज्ञानिकों ने टेट्राफ्लोरोमिथेन से टेट्राफ्लोरोइथिलीन तैयार करने में सफलता प्राप्त की। यह वायु रंगहीन, स्वादहीन, गंधहीन तथा विषरहित होती हैं इसे द्रव के रूप में भी संचित किया जाता है।

टेफ्लॉन का औद्योगिक उत्पादन दो प्रकार से किया जाता है। पहली पद्धति में टेट्राफ्लोरोइथिलीन में उत्प्रेरक तथा अन्य रसायन मिलाकर बहुलकीकरण के पश्चात् टेफ्लॉन के छोटे–छोटे कण तैयार किए जाते हैं। तथा दूसरी पद्धति में टेट्राफ्लोरोइथिलिनी, उत्प्रेरक, पानी तथा साबुन जैसे पदार्थों को एक साथ मथकर प्रक्रिया की जाती है। इस पद्धति में टेफ्लोन चूर्ण के रूप में प्राप्त होता है अथवा द्रव रूप में (Aqueous dispersion) भी मिलता है।

इसका औद्योगिक उत्पादन शुरू करने का श्रेय टू फेंअ कंपनी को है जिसने सन् 1950 में इसका उत्पादन शुरू किया और टेफ्लॉन का नाम भी उसी ने दिया।

वस्तुतः यह विचित्र प्लास्टिक है। यह किसी भी द्रव में नहीं घुलता है। यह -250° से $+250^{o}$ सें. तक अपरिवर्तित रह सकता है। इसमें संगमरमर जैसी सफेदी तथा चिकनापन पाया जाता है। टेफ्लॉन से कोई भी वस्तु नहीं चिपकती नहीं और वह भी किसी वस्तु को चिपकने नहीं देता। यह विद्युत् तथा घर्षणरोधी है। इसकी ताप चालकता भी अधिक है।

टेफ्लॉन रसोईघर के नान स्टिक तवे तथा कड़ाहियाँ बनाने के लिए उपयोगी है। वस्तुतः तवे पर इसका लेप चढा रहता है। चूंकि इस पर किसी भी रसायन का प्रभाव नहीं पड़ता, अतः पात्रों के भीतरी भाग में कोटिंग के लिए उपयोगी है। विद्युतरोधक होने से विद्युत मोटरों, पानी में बिठाई जाने वाली विद्युत मोटरों के आर्मेचर के आवरण में प्रयुक्त होता है।

टेफ्लॉन के धागे से कपड़े भी बनते है। यह प्रेक्षित किया गया है कि कारखानों से विविध प्रक्रियाओं के कारण रसायनों के कण वायुमंडल में फैल जाते है और प्रदूषण उत्पन्न करते हैं। इस प्रकार के प्रदूषण को रोकने के लिए टेफ्लॉन की थैलियों में ऐसे विषैले कणों को एकत्रित करके प्रदूषण को रोका जा सकता है और हवा को शुद्ध रखा जा सकता है। टेफ्लॉन की पट्टियों को नलों (पाइपों) के जोड़ में लगाकर पानी के रिसाव या लीक को रोका जा सकता है। प्रायशः पानी के नलों को एक दूसरे से जोड़ते समय सन के रेशों या सुतली का प्रयोग किया जाता है। इस जोड़ को खोलते समय उस पर जंग चढा रहने से उसके पेच घुमाने में कठिनाई का सामना करना पड़ता है। अतः यदि टेफ्लॉन का टेप या पट्टी पेचों पर रखकर नल एक दूसरे से जोड़े जाएं तो उन पर जंग

चढ़ने का खतरा नहीं रहता और खोलते समय भी किसी भी प्रकार की समस्या नहीं होती है।

टेफ्लॉन का उपयोग चिकित्सा क्षेत्र में विशेषतः शरीर के कृत्रिम अंग बनाने के लिए भी किया जाता है। हमारे शरीर में टेफ्लॉन आसानी से समाया जा सकता है। यही कारण है कि इस प्लास्टिक का उपयोग हृदय में लगाये जानेवाले कृत्रिम वाल्व बनाने के लिए किया जाता है। इससे अन्य कृत्रिम अंग भी बनाये जाते हैं।

टेफ्लॉन के अधिक तापमान पर विघटन होने के गुण को उपयोग में लाते हुए वैज्ञानिकों ने उपग्रह निर्माण में इसका सफल प्रयोग किया है। वर्तमान में अत्याधुनिक तकनीक का सहारा लेकर टेफ्लॉन का उत्पादन किया जा रहा है। वस्तुतः इसके उत्पादन का प्रारंभ डू पोंट कंपनी द्वारा किया गया था। परन्तु आज विश्व में अधिकाधिक रूप से इसका उत्पादन किया जा रहा है। विश्वभर में इसका वार्षिक उत्पादन अनुमानतः 15000 टन है। भारत में हिंदुस्तान फ्लोरोकार्बन लिमिटेड प्रतिवर्ष 500 टन इसका उत्पादन करता है, जबकि इसकी आवश्यकता 2000 टन प्रतिवर्ष है।

5. पॉलिग्रास (खिलाडियों के लिए न सूखने वाली कृत्रिम घास): आपको विदित ही है कि फुटबॉल के खिलाड़ियों के बूट विशेष प्रकार के होते हैं। पर्वतारोही के बूट भी विशिष्ट प्रकार के होते हैं। टेनिस, फुटबॉल तथा अन्य खेल खेलते समय या दौड़ते समय खिलाड़ियों के पैरों से जमीन पर होने वाले आघात, घर्षण आदि बातों पर ध्यान रखते हुए कृत्रिम (पृष्ठ भाग के) मैदानों का निर्माण किया गया है।

खिलाड़ियों के तलुओं को आराम पहुँचाने का ध्यान रखते हुए वैज्ञानिकों द्वारा हरी–भरी घास का निर्माण किया गया। हरे रंग के नायलॉन से बनाई गई यह कृत्रिम घास सर्वप्रथम सन् 1966 में हौस्टोन एस्ट्रोडेम में उपयोग में लाई गई। बिल्कुल प्राकृतिक घास के समान दिखाई देनेवाली, किसी भी ऋतु में हरी–भरी रहने वाली, बिना पानी के टिकने वाली तथा न उगने वाली, जिसकी बुवाई–कटाई आदि करने के लिए मेहनत की आवश्यकता नहीं होती – ऐसी कृत्रिम घास का निर्माण किया गया। इसके पश्चात् ऐसी कृत्रिम घास तथा उससे बने हुए कालीन घरों, बागों, कार्यालयों आदि को सुशोभित करने के लिए काम में लाए जाने लगे। इसी क्रम में कई प्रकार के पॉलिमर धागों – मानव निर्मित धागों का उपयोग करते हुए रंग–बिरंगे, धोने योग्य तथा मजबूत कालीन तैयार किये जाने लगे।

सर्वप्रथम डेलेवेअर में सन् 1939 में नायलॉन का धागा तैयार करने का कार्य शुरू किया गया। इसके पहले डू पोन्ट जैसी विश्वविख्यात कंपनी ने सन् 1938 में उक्त धागें के निर्माण के लिए आवश्यक नायलॉन का उत्पादन प्रारंभ किया था। कृत्रिम धागे से कालीन का मजबूत तल बुन लिया जाता है। कई सुईयों के द्वारा कृत्रिम धागे इस तल की पीठ से आर–पार किए जाते हैं। परिणामस्वरूप कालीन के पृष्ठ भाग पर बालों जैसे लपेटे लिये धागे दिखाई देने लगते है। खेलने का मैदान तैयार करने के लिए काम में लाए जाने वाले धागे घास जैसे दिखाई दें, इसलिये उन्हें छांटना पड़ता है। इसके लिये विशेष धारदार ब्लेडस को काम में लिया जाता है, जिनसे धागों की लपेटें काटी जाती हैं। गोलाकार लपेटे जब मशीन से काटी जाती है तब कृत्रिम घास के बीस लाख तिनकें पृष्ठ भाग पर खड़े हो जाते हैं। इसके पश्चात् कालीन के तल को मजबूत एवं पक्का बनाने के लिए कतिपय पॉलिमर पदार्थों (पॉलियूरेथेन, पॉलिस्टायरीन ब्यूटाडाइन) के द्रव उस पर ब्रश से लगा दिए जाते हैं। कृत्रिम घास के कालीन कुछ विशेष प्रकार के पॉलिमर पदार्थों के द्रव (Polymeric adhesives) लगाकर खेल के मैदान में एक दूसरे से विशिष्ट पद्धति से चिपकाए जाते हैं।

यदि किसी मैदान पर दौड़नेवाले खिलाड़ियों की संख्या अधिक हो और प्रायशः प्रतिदिन इस कालीन पर दौड़ लगाई जाती हो, तो कालीन बिछाने से पहले उसके नीचे की जमीन पक्की तथा मजबूत बनाई जाती है। उसको पक्का बनाने के लिए डामर की परतें उस पर चढ़ाई जाती हैं। उसके पश्चात् पैरों तथा बूटों के आघात सह सकने वाले साधारण लेकिन मानव निर्मित धागों से बनाए गए कालीन (अंडरपैड) चिपकाए जाते हैं। इस प्रकार तैयार किए गए पृष्ठ भाग पर कृत्रिम हरी–भरी घास का सुंदर कालीन चिपकाया जाता है।

इस प्रकार पॉलिमर प्रयोग से तैयार किए गए मैदान पर फुटबॉल को ठोकर लगाते समय या गोलकीपर यदि फुटबॉल को ठोकर लगाते समय या गोलकीपर यदि फुटबॉल को पकड़ते समय गिर जाए तो उसे चोट नहीं लगती है। कृत्रिम घास पर खेलते समय खिलाड़ियों को जख्मी होने का डर नहीं रहता है।

कृत्रिम घास के कालीन बनाने के लिए पॉलिएस्टर, पॉलिएक्रिलेट, पॉलिइथिलीन, पॉलिप्रोपीलीन तथा नायलॉन–6 अथवा नायलॉन–66 आदि पॉलिमर पदार्थों से धागे तैयार किए जाते हैं। इन पदार्थों से तैयार किये

गये धागे मजबूत, घर्षण विरोधी, पानी का निचोड़ करने की क्षमता से युक्त होते हैं, जिनके कारण उनका उपयोग दिन–प्रतिदिन बढ़ता ही जा रहा है। ये धागे विविध रंगों के होते हैं, धोने में आसान होते हैं तथा मजबूत भी। इसलिए वे कई वर्ष तक काम देते हैं। कम परिश्रम में ये मैदान से अलग किए जा सकते हैं और उनकी ठीक मरम्मत करके उन्हें फिर यथास्थान बिठाया भी जा सकता है।

ये कालीन पॉलिग्रास, रेणुपॉल, एस्ट्रोटर्फ टारटन टर्फ आदि नामों से उपलब्ध हैं। अमेरिका जर्मनी, इटली, आदि देश पॉलिप्रोपीलीन अथवा नायलॉन के धागों का इस्तेमाल करते हुए कृत्रिम घास के कालीनों का उत्पादन कर रहे हैं।

6. नींद तथा सुगंधित धागाः स्वस्थ जीवन के लिए अच्छी नींद का आना भी जरूरी है। वस्तुतः शांत वातावरण में नींद लग जाए इसके लिए हर व्यक्ति चेष्टा करता है। कई लोगों को सुगंधित वातावरण में ही नींद आती है। जापान में किए गए एक सर्वेक्षण के अनुसार सुगंध हमारे मन एवं मस्तिष्क को आराम पहुँचाती है और व्यक्ति को गहरी नींद का आनंद प्राप्त होता है।

जैसा कि विदित है वैज्ञानिकों ने पॉलिएस्टर, नायलॉन, रेयॉन, टेरीकॉट आदि कृत्रिम धागों का निर्माण किया है तथा उनकी निर्मिति के लिए आवश्यक रंगों, यंत्रों, लेई आदि का भी निर्माण किया। इसी क्रम में उन्होंने कृत्रिम तथा बालों से भी पतले धागों का निर्माण किया। परन्तु जापान के वैज्ञानिकों ने इससे भी पतले धागों का निर्माण किया। ऐसे धागों को हॉलो फाइबर्स कहा जाता है। इस प्रकार के विशिष्ट धागे, 'क्रिपी पैंसट' नाम से उपलब्ध है, जिन्हें मिटसुहिशी रेयॉन कंपनी ने बनाया है। इनकी विशेषता यह है कि वे सुगंधयुक्त है।

जापान के वैज्ञानिकों ने इस बात पर अपना ध्यान केन्द्रित किया कि सुगंधी धागों एवं उनसे कपड़े का निर्माण कैसे किया जाए? इसलिए उन्होंने कई प्रकार के तरीके विकसित किए। अंततोगत्वा जापान की कानेबो कंपनी सन् 1987 के अप्रैल माह में सुवासित धागा बाजार में ले आई। यह धागा इस्पिरीट डी फ्लूर (Espirit De Fleor) के नाम से लोकप्रिय है। और इसकी जापान की प्रतिवर्ष बिक्री लगभग दो करोड़ डॉलर है। इन धागों का निर्माण आकर्षक छपाई, कपड़े के चिकनेपन, पानी का निचोड़ करने की व्यवस्था, सुगन्ध जल्दी नहीं उड़ जाए या धोने से कम न हो जाए आदि बातों को ध्यान में रखकर किया गया है।

आजकल ऐसे सुंदर, आकर्षक सुगंधित धागे से अब पुलोवर, नेकटाई, टीशर्ट, रूमाल आदि चीजें बनाई जाती है। इस प्रकार के सुगंधी या असह्य दुर्गंध को दूर करने वाले धागों का निर्माण करने की हमारे देश में बहुत संभावनाएँ है। सुंदर पॉलिवायनील क्लोराइड के मैट जमीन पर बिछाकर घर की शोभा बढ़ाई जा सकती है।

7. कॉण्टेक्ट लेंस : हमें काँच तथा काँच की वस्तुओं के उपयोग का ज्ञान कई वर्षों से है। स्वच्छ, चिकने तथा पारदर्शक काँच का उपयोग अनेक प्रकार से किया जाता है। परन्तु काँच भुरभुरा होने से जल्दी टूट जाता है, इस कारण नहीं टूटने वाले (अनब्रेकेबल) प्लास्टिक के काँचों का उपयोग किया जाता है। ऐनक या चश्मा सर्वाधिक उपयोग किया जाने वाला काँच है। वैज्ञानिकों ने ऐनक में प्रयोग किए जाने वाले काँच का विकल्प प्लास्टिक के रूप में ढूंढ लिया है। प्लास्टिक के पदार्थ स्वभावतः चमकीले होते हैं, प्लास्टिक काँच जैसा भुरभुरा नहीं होता, वजन में भी काँच से हलका होता है। पॉलिएक्रिलेट से बनाया गया प्लास्टिक कॉण्टेक्ट लेंस बनाने के काम में अधिक उपयोगी सिद्ध हुआ है।

वस्तुतः कॉण्टेक्ट लेंस के तीन प्रकार है – हार्ड, सॉफ्ट तथा सेमी सॉफ्ट। हार्ड लेंस पॉलिमिथाइल मेथा एक्रिलेट (पी.एम. एम.ए.) नामक प्लास्टिक पदार्थ से बनाए जाते हैं। ये लेंस वजन में हलके होते हैं तथा आँखों की आवश्यकताओं को पूरा करने वाले भी होते हैं।

चेकोस्लोवाकिया के प्रो. ओटो विक्टरले ने सन् 1960 में कॉण्टेक्ट लेंसों में क्रांतिकारी परिवर्तन किया। प्रो. विक्टरले ने पहला हाइड्रोजेल कॉण्टेक्ट लेंस बनाया। पॉलिहाइड्राऑक्सी इथाइल मेथाएक्रिलेट (पॉलिहेमा) तथा अन्य रसायनों की रासायनिक प्रक्रिया द्वारा यह लेंस बनाया गया। इस रासायनिक प्रक्रिया द्वारा बनाए गए प्लास्टिक को ''हाइड्रोजेल' कहा जाता है। पॉलिहेमा पॉलिमर का उपयोग काण्टेक्स लेंस बनाने के साथ शल्य चिकित्साओं में भी होता है। ऐसे पदार्थों से बनाए गए कॉण्टेक्ट लेंसों को साफ्ट लेंस कहा जाता है।

ग्लायकॉल मेथाएक्रिलेट, डाय ग्लायकॉल मोनो एक्रिलेट, पानी एवं अन्य रसायनों को एकत्रित करके एक मिश्रण तैयार किया जाता है। रासायनिक प्रक्रिया के लिए इन रसायनों का अति शुद्ध होना आवश्यक है। इस मिश्रण का एक दशांश मिलीलीटर अंश कांच के एक छोटे अर्ध गोलाकार व्यास के सांचे में डाला जाता है। यह सांचा अति तीव्र वेग से, अर्थात् 500 प्रति मिनट की गति से सात मिनट तक यंत्रों द्वारा

गोलाकार घुमाया जाता है। इस बीच सांचे में डाली गई बूंद ठोस बन जाती है। उसमें बटन की तरह दिखाई देनेवाला लेंस बाहर निकालकर पानी से साफ धोया जाता है। लेंस का बाहरी हिस्सा एवं किनारे कांच के कारण बिल्कुल चिकने बन जाते हैं। भीतरी हिस्सा, जो आंखों से चिपक जाता हैं, सांचे को तीव्र गति से घुमाए जाने के कारण कुछ गहरा बन जाता है। इस प्रकार काण्टैक्ट लेंस तैयार किया जाता है।

लेंस का छोटा–बड़ा होना या उसकी गहराई सांचे का आकार तथा यंत्र की गति पर निर्भर होती है। लघु या दूर दृष्टि के लिए अलग–अलग या एकत्रित लेंस तैयार किए जा सकते हैं। हाइड्रोऑक्सिइथाइल एक्रिलेट, ग्लायकॉल मेथाएक्रिलेट आदि के प्रयोग से भी काण्टैक्ट लैंस बनाए जा सकते हैं। ये लैंस प्रायशः 40–80 प्रतिशत पानी सोख लेते हैं, ऑक्सीजन की पूर्ति करने में सक्षम होते हैं, आंखों को क्षति न पहुंचाने वाले होते हैं, इस कारण दिन–प्रतिदिन इनका प्रयोग बढता ही जा रहा है। इस प्रकार के लैंस अलग–अलग देशों के उत्पादक विभिन्न नामों से बाजार में ला रहे हैं। हमारे देश में दस्तूर कंपनी काण्टैक्ट लेंस के निर्माण के लिए प्रसिद्ध है।

भिन्न–भिन्न दृष्टिदोषों के लिए अलग–अलग प्रकार के लैंस काम में लाए जाते हैं कांच के मोटे चश्में नाक पर बोझ डालते हैं, इसलिए नाक पर गड्ढा हो जाता है। जब नाक में पीड़ा होती है अथवा कान दर्द करने लगते हैं तब काण्टैक्ट लैंस को उपयोग में लाना सुविधाजनक प्रतीत होता है।

8. बुलेट प्रूफ कांच : कांच का ज्ञान हमें लगभग छह हजार वर्षों से प्राप्त है। काँच के विविध प्रकार एवं उपभेद भी हमें विदित हैं, जैसे बोरोसिलिकेट, सोडा एश आदि को तैयार करने की पद्धतियों से हम परिचित है। हम प्रतिदिन के व्यवहार में रंगीन, बाजरा, सपाट आदि कई प्रकार के काँच उपयोग में लाते हैं। देवी–देवताओं के फोटो फ्रेम, घर की खिड़कियां, झरोखे, झाड–फानूस, टी.वी., कई प्रकार की वस्तुएं काँच से ही बनाई जाती हैं। निरंतर हो रहे अनुसंधान के फलस्वरूप काँच के गुणधर्मों में भी परिवर्तन लाया गया हैं। ये विशेष प्रकार के काँच बुलेटप्रूफ, स्पेस शटल, मोटरों में लगाए जाने वाले काँच आदि के रूप में उपयोग लाए जाते हैं। काँच के क्षेत्र में अनुसंधान के लिए हमारे देश में सी.एस. आर.आर. का महत्वपूर्ण अनुसंधान संस्थान भी है।

परंपरागत काँच पारदर्शक घर्षण विरोधी, पानी, आग, बिजली, वायु रोधी, स्वच्छ एवं चिकने भाग से युक्त होता है। टूटे हुए काँच से यदि तंतु बनाए जाते हैं तो उनकी गुणवता में बहुत परिवर्तन होता है। और वह बंदूक की गोली को झेलने के लिए भी सक्षम हो जाता है।

काँच के तंतुओं एवं रेजिन के मिश्रण से एक प्रकार का मजबूत प्लास्टिक तैयार किया जाता है। उसे फाइबर रिन्फोर्स्ड प्लास्टिक (एफ. आर.पी.) कहते है। पॉलिएस्टर इपॉक्सी, मेलमिन, सिलिकॉन थर्मोसेटिंग रेजिन को उपयोग में लाया जाता है। कभी–कभी पॉलिस्टायरीन या पी. वी.सी. आदि थर्मोप्लास्टिक रेजिनों को भी काम में लाया जाता है। एफ. आर.पी. प्लास्टिक की वस्तुएं बनाते समय उष्णता से कठोर हो जाने वाले रेजिन ही अधिक उपयुक्त माने जाते हैं। पॉलिएस्टर रेजिन द्रव रूप में होता है। इस रेजिन का पुट काँच तंतु के कपड़े पर चढाकर उसे अपेक्षित आकार में ढालकर और तपाकर वस्तुएं बनाई जाती हैं। सांचे पर थोड़ा दाब देकर तथा 100° सेल्सियस के आस–पास तपाकर वस्तुएं बनाई जाती हैं। कभी–कभी काँच तंतुओं के टुकड़ों एवं रेजिन का मिश्रण तैयार करके उसे सांचे में डाला जाता है। गरमी से यह धीरे–धीरे कठोर बन जाता है।

वजन में हलका तथा मजबूत होने के कारण यह एफ.आर.पी. प्लास्टिक अनेक प्रकार से काम आता है। इससे डेढ से दो लाख लीटर पानी को संचित करने वाली बहुत बड़ी पानी या दूध की टंकियां बनाई जाती हैं। एक अमेरिकी कंपनी ने एफ.आर.पी. प्लास्टिक का उपयोग कर तैरने का तालाब भी बनाया है। इससे अलग–अलग प्रकार के छोटे बड़े ट्रे, सूटकेस, फिशिंग रॉड, विविध स्थानों में काम आने वाले हेलमेट (जैसे फायर ब्रिगेड, रासायनिक कारखाने) कुर्सियां, छोटी–छोटी नौकाएँ, आदि वस्तुएं बनाई जाती हैं। हेलमेट बनाते समय तीन भागों के सांचे का उपयोग किया जाता है। काँच के तंतुओं का कपड़ा तथा पॉलिएस्टर रेजिन सांचे में भरकर 100° सेल्सियस तक तपाया जाता है। एक बार जब टोप तैयार हो जाता है तब पहनने वाले के सिर को उसके कड़ेपन से दर्द न हो इसलिए उसके भीतर थर्मोकोल का तख्ता बिठाया जाता है। तत्पश्चात् इस तख्ते पर नायलॉन या पॉलिएस्टर का कपड़ा चढाकर भीतरी भाग पर पॉलियूरेथेन फोम का आवरण रखा जाता है, जिसे पक्की सिलाई से मजबूत बना दिया जाता है। इस प्रकार का टोप पहनने से स्कूटर चलानेवाले का सिर सुरक्षित रहता है।

काँच को एक और तरीके से सुरक्षित बनाया जाता है। दो काँचों के बीच में प्लास्टिक फिल्म रखकर यह काँच तैयार किया जाता है, जो बंदूक की गोल से भी नहीं टूटता है।

बेनेडिक्टस नाम के एक फ्रांसीसी वैज्ञानिक अपनी प्रयोगशाला में काम कर रहे थे चूंकि प्रयोगशाला में विशेष प्रकार के कांच के उपकरण काम में लाए जाते हैं, ऐसे ही काँच के पात्र में सेल्युलोस नाइट्रेट रखा हुआ था। इस काँच के उपकरण का बड़ा विस्फोट हुआ, तब इसका हल ढूंढने के प्रयत्नों में लेमिनेटेड ग्लास की उपलब्धि प्राप्त हुई। सन् 1920 के लगभग अमेरिका ने इस विशेष प्रकार के काँच का उपयोग मोटरों के लिए करना शुरू किया। आज इस दिशा में हो रहे शोध के अनुसार दो काँचों के बीच में पॉलिवायनील ब्यूट्रल की फिल्में काम में ली जा रही हैं जिसके अच्छे परिणाम प्राप्त हो रहे हैं।

लेमिनेटेड काँच बंदूक का आघात भी सह सकता है, आवाज को रोक सकता है तथा 70° सेल्सियस तक के तापमान में टिक सकता है। काँच में छेद आए बिना यदि वह आघातों को सह लेता है तो उसे बुलेट प्रूफ काँच कहा जाता है। बड़े–बड़े अधिकारियों की सुरक्षा हेतु बनाई गई मोटरकारों में ये काँच लगाए जाते हैं।

9. एक्रिलाइड प्लास्टिकः ये ताप सुघट्य या थर्मोप्लास्टिक है जो अत्यन्त मौसमरोधी गुण के लिए प्रसिद्ध है। इस समूह में पॉलिमेथिल एक्रिलेट सर्वाधिक महत्वपूर्ण प्लास्टिक है। इसकी विशेषता है कि अपक्षय के बाद भी यह स्वच्छ बना रहता है, धक्के सह सकता है और ठंडा होने पर भंगुर नहीं होता। इसको अनेक रंगों में प्राप्त किया जा सकता है।

इसका उपयोग हवाई जहाज की खिडकियों में सुरक्षा काँच की तरह, बिजली के सामान, टेलीफोन, कैमरे के लैंस, लैंपशेड तथा कांटेक्ट लेंस बनाने में होता है। इसका व्यापारिक नाम प्लेक्सीग्लास तथा लूसाइट हैं।

10. कुछ अन्य प्लास्टिकः कुछ प्लास्टिकों में उष्मा तथा विद्युत् संचालन की शक्ति पाई जाती है। इस तरह से वे धातु जैसा आचरण करते हैं। ऐसा ही प्लास्टिक है – पालिऐसिटिलीन। यह तांबे से लगभग दो गुना सुचालक है। परन्तु ऐसे प्लास्टिक महंगे होते हैं और अंतरिक्ष कार्यक्रम के अनुकूल हैं। कुछ उच्च ताप सह प्लास्टिक 900° सें. पर भी नहीं पिघलते हैं, जैसे पॉलीडाइफेनिल ऑक्साइड। इसका उपयोग अग्निरोधक वस्त्र बनाने में किया जाता है।

कुछ प्लास्टिकों में यांत्रिक शक्ति भी पाई जाती है, यथा – केवलार नामक प्लास्टिक, जो इस्पात से एक बटा पांच हलका किन्तु इस्पात जितना दृढ होता है। केवलार के रेशे बुलेटरोधी जैकेट बनाने में प्रयुक्त होते हैं।

कुछ प्लास्टिकों में अपने भार से कई सौ गुना जल शोषण करने की क्षमता पाई जाती है। ऐसी ही प्लास्टिक है ''जल शक्ति'। यह हमारे देश में राष्ट्रीय रासायनिक प्रयोगशाला, पुणे में ही तैयार किया गया है। इसका उपयोग ऊसर भूमि सुधार में भी लाभप्रद हो सकता है।

11. सिलिकोंस (Silicones) : कार्बन परमाणु के स्थान सिलिकॉन परमाणु होने पर सिलिकॉन ऑक्सीजन की श्रृंखला बनती है। इस तरह से बने यौगिक द्रव होते हैं जिनमें स्नेहक (Lubricant) के गुण पाए जाते हैं। ये थर्मोसेटिंग प्लास्टिक है। इनका उपयोग एयरक्राफ्ट तथा मिसाइल, कॉइल, कनेक्टर प्लग, जेनरेटर इंसुलेशन, स्विचों तथा टर्मिनल बोर्डो में किया जाता है। इस तरह विद्युतरोध हेतु तथा इलेक्ट्रॉनिकी में और अंतरिक्ष कार्यक्रम हेतु सिलिकोन उपयोगी प्लास्टिक है।

12. पालीएस्टर रेजिन (Polyester Resin) : ये थर्मोसेटिंग (तापदृढ) है, जिनमें उत्तम वैद्युत इंसुलेशन, कम आर्द्रता शोषण तथा उष्मारोधन, के गुण पाए जाते हैं। इनका प्रयोग कोटिंग (Coating) हेतु किया जाता है।

13. पॉलीकार्बोनेट रेजिन (Polycarbonate Resin) : इन पर न तो रसायनों, न उष्मा, न आघात, न ही मौसम का कोई प्रभाव पड़ता है। ये ताप सुघट्य प्लास्टिक हैं। इनका उपयोग वायुयान, ऑटोमोबाइल तथा मशीन के पुर्जे बनाने एवं वैद्युत तथा इलेक्ट्रॉनिकी व्युक्तियों में किया जाता है।

14. यू फोम (यूरेथेन): रसायनों का उपयोग फायदेमंद तथा नुकसानदायक भी होता है। मिथाइल आयसोसायनेट का नाम सुनते ही हमें भोपाल गैस त्रासदी की भीषण दुर्घटना का तत्काल स्मरण हो जाता है। वस्तुतः आयसोसायनेट भी कई प्रकार के होते हैं। यदि हम उनका बहुत सावधानी से उपयोग करें तो वे कई क्षेत्रों में काम आते हैं। आज हम जिस यू फोम को उपयोग में लाते हैं, वे इसी प्रकार के रसायन से तैयार किए जाते हैं।

'यू' का तात्पर्य यूरेथेन से हैं। प्रो. ओटो बायर ने सन् 1937 में सर्वप्रथम यह प्रमाणित किया कि डाइआयसोसायनेट तथा ग्लिसरॉल की

रासायनिक प्रक्रिया से यूरेथेन प्राप्त होता है। यूरेथेन में –OOCNH ग्रुप होता है। इसके एक ग्रुप (समूह) को दूसरे से जोड़ने पर बड़ी शृंखला तैयार हो जाती है। उसी को 'पॉलीयूरेथेन' कहा जाता है। इस विशिष्ट प्रकार के रसायन की शोध हेतु प्रो. बायर को **पॉलियूरेथेन विज्ञान** का जनक माना जाता है।

आयसोसायनेट की जब ऐल्कोहल से क्रिया कराई जाती है तो यूरेथेन समूह बनता है। जल के संपर्क में आने पर इससे कार्बन डाइ ऑक्साइड गैस निकलती है, जिससे पालीयूरेथेन स्पंज तैयार हो जाता है। यही पॉलियूरेथेन फोम होता है। स्पंज का स्नानघर में पायदान के रूप में प्रयोग किया जाता है। इसी प्रकार के पॉलियूरेथेन फ्लेक्जिबल फोम को कपड़े के साथ सिलाकर सुंदर तथा आकर्षक जैकेट बनाए जाते हैं। हेलमेट में लगाने के लिए, गद्दा (पैकिंग) चित्र–7 या कोट के बाजुओं में उभार लाने के लिए कंधे आदि बनाने के लिए इस पॉलियूरेथेन फोम का उपयोग किया जाता है। इस फोम में ध्वनि तथा उष्णता सोख लेने की क्षमता होती है, इसलिए यह रेफ्रिजरेटर के भीतर या वातानुकूल कमरों की भीतरी दीवारों पर लगाया जाता है। इससे छोटे बच्चों के लिए खिलौने, साइकिल के टायर, शीट आदि भी बनाए जाते हैं।

चित्र–7. यू फोम का मेट्रेस

पॉलिऑल तथा एम.डी.आई. की रासायनिक प्रक्रिया से फोम जैसा रबड़ की विशेषताओं से युक्त पदार्थ बनाया जाता है, जिसे पॉलियूरेथेन इलेस्टोमर कहा जाता है। इस किस्म का रबड़ घर्षण तथा तेल का अवरोधक रहता है। बाजार में यह रबड़ थर्मोप्लास्टिक पॉलियूरेथेन इलेस्टोमर (टी.पी.यू.) के नाम से पहचाना जाता है।

शुद्ध एम.डी.आई तथा पॉलिऑल के मिश्रण से ट्रैक्टर का बड़ा टायर बनाया जा सकता है। पॉलियूरेथेन से अपंग व्यक्तियों के लिए 'जयपुर फुट' तैयार किया जाता है जो हल्का होता है तथा दुर्घटना या युद्ध में पांव खोने वाले व्यक्तियों के कृत्रिम पांव का कार्य करता है। इससे कीटनाशक दवाएं भी बनाई गई हैं।

पॉलियूरेथेन फोम के रसायनों को तैयार करते समय फासजीन तथा क्लोरोफ्लोरोकार्बन (फ्रियान) का इस्तेमाल किया जाता है जो कालांतर में प्रदूषण को उत्पन्न करते हैं तथा ओजोन परत में छेद करते हैं।

15. एपाक्सी रेजिन (Epoxy Resins): ये थर्मोसेटिंग प्लास्टिक है। ये अत्यंत टिकाऊ, लोचशील होते हैं। ये सुरक्षात्मक आवरण (Coating) के लिए उपयुक्त है। किंतु एपाक्सी रेजिन सर्वश्रेष्ठ आसंजक (Adhesive) होते हैं। इनका उपयोग मोल्डिंग, कास्टिंग, लैमिनेशन में भी किया जाता है।

16. सेल्यूलोजिक्स (Cellulosics) : वस्तुतः ये सेल्यूलोज से व्युत्पन्न हैं और ऐसे समूह का निर्माण करते हैं जिनमें सेल्यूलोज ऐसीटेट तथा सेल्युलोज ऐसीटेट ब्यूटिरेट सम्मिलित हैं। ये पदार्थ थर्मोप्लास्टिक हैं और विभिन्न रंगों में उपलब्ध है। सेल्यूलोज ऐसीटेट, रेयान, फोटोग्राफिक फिल्मों, बटन, कंघे, चश्में के फ्रेम, लैंप रोड, वेक्यूम क्लीनर बनाने के काम आता है। सेल्यूलोज ऐसीटेट ब्यूटिरेट में चर्मलता अधिकता होती है तथा वह आर्द्रता शोषित करता है। यह ऑटोमोबाइल स्टियरिंग व्हील, टूल हैंडलों तथा टेलीफोन हैंडसेटों के लिए उत्तम पदार्थ हैं।

17. कृत्रिम रेशे : प्रायशः विश्व भर में 15 बिलियन टन कृत्रिम रेशे तैयार होते हैं जिनमें से भारत में मात्र 4 लाख टन कृत्रिम रेशे तैयार होते हैं।

रासायनिक संरचना के आधार पर संश्लिष्ट रेशे तीन प्रकार के होते है –

1. पॉलिऐमाइड रेशे
2. विनिल रेशे/विनाइल रेशे
3. पॉलिएस्टर रेशे

संश्लिष्ट रेशों से विभिन्न प्रकार के वस्त्र बनते हैं। ऐसे वस्त्रों की निम्नांकित विशेषताएं हैं –

(i) अधिक तनाव सामर्थ्य,

(ii) कीड़ों के आक्रमण का भय न रहना,

(iii) शीघ्र सूखने का गुण,

(iv) न सिकुडने (शिकन न पड़ने) का गुण।

पालीऐमाइड रेशे – पहला पालिऐमाइड प्लास्टिक सर्वप्रथम अमेरिका के रसायन विज्ञानी डब्ल्यू एच. कैरोथर्स ने तैयार किया था। इसका नाम नाइलॉन (Nylon) पड़ा। इसमें कच्चे माल के रूप में बेंजीन तथा ब्यूटाडाइन का प्रयोग होता है। इस वर्ग के प्लास्टिकों का उपयोग गृहस्थी की वस्तुएं तैयार करने के साथ ही, मुख्यतया वस्त्र उद्योग में होता है।

पॉलिएस्टर (Polyester) – इन प्लास्टिकों को किसी ऐसे कार्बनिक अम्ल की ऐल्कोहल से क्रिया करके तैयार किया जाता है जिसमें दों कार्बोक्सिल समूह होते हैं। इस तरह डेक्रॉन तैयार होता है इसे ही टेरिलीन कहते हैं।

विनाइल रेशे (Vinyl Fibres) – विनाइल क्लोराइड तथा विनाइल ऐसीटेट के बहुलकीकरण से विनियान बनता है। इसको ऐसीटोन में घोलकर तागे (धागे) काते जाते हैं। यह 65° से. पर ही मुलायम हो जाता है अतः उपयोगी नहीं है। किन्तु विनिलिडनी क्लोराइड तथा विनाइल क्लोराइड से बना सारान (saran) अपेक्षतया उच्च ताप पर (120° से.) मुलायम पड़ने से अधिक लाभप्रद है। इससे धागे बनाए जाते हैं।

एक्रिलिक रेशे (Acrylic Fibres**)** ये पॉलि ऐक्रिलोनाइट्राइल से बनाए जानेवाले रेशे हैं। इन्हें कृत्रिम ऊनी रेशे भी कहते हैं। यह ऊन की अपेक्षा हलका, मुलायम तथा गरम होता है। इसे धोया, सुखाया जा सकता है। अतः यह ऊन का विकल्प है। स्वेटर का ऊन इसका सबसे प्रचलित रूप है।

18. मानव संश्लिष्ट–नाइट्राइल रबड़ः आज के औद्योगिक विश्व में प्लास्टिक तथा रबड़ की वस्तुओं को अत्यधिक महत्व प्राप्त हुआ है। इतना ही नहीं इन पदार्थों के संश्लेषण से अनेक उद्योगों का भी उदय हुआ है। आजकल रबड़ उद्योग में प्राकृतिक रबड़ के साथ–साथ मानव निर्मित (सिंथेटिक) रबड़ का भी बड़ी मात्रा में उपयोग किया जाता है।

प्राकृतिक रबड़ – रबड़ के पेड़ों के वनस्पति विज्ञान में प्रचलित नाम हैं – हीविआ ब्रासिलीएंसिस फाइकस इलेस्टिका, यूरिओला आदि।

इन वृक्षों की बुवाई मुख्यतः इंडोनेशिया, मलाया, थाइलैंड, सिलोनी मियांमार, सारावाक आदि देशों में की जाती है। हमारे देश में केरल राज्य में रबड़ की खेती सर्वाधिक की जाती है। अब महाराष्ट्र राज्य के कोंकण क्षेत्र में भी अल्प क्षेत्र में इसकी खेती की जाती है। प्रायशः रबड़ का वृक्ष जब पाँच से सात वर्ष पुराना हो जाता है तब उससे दूध निकाला जा सकता है, उसे लैटेक्स कहते हैं। इस लैटेक्स से कुछ प्रक्रियाओं द्वारा रबड़ अलग किया जाता है।

मानव निर्मित रबड़: प्राकृतिक रबड़ की बढ़ती हुई कीमतों तथा कमी के कारण मानव निर्मित रबड़ के अनुसंधान एवं उत्पादन को गति प्राप्त हुई। सन् 1926 में जर्मनी के फ्रिज हॉफमन ने पॉलिब्यूटाडाइन तैयार किया। इस शोधकार्य में अधिकाधिक प्रगति हुई तथा सन् 1929 में लिवर कुसेन में ब्यूटाडाइन तथा स्टायरीन के मिश्रण से बनाए गए कृत्रिम रबड़ का संश्लेषण शुरू हुआ।

प्राकृतिक रबड़ के बदले व्यवहारोपयोगी पदार्थ के रूप में कृत्रिम रबड़ तैयार करने के प्रयास सर्वप्रथम जर्मन वैज्ञानिकों ने शुरू किए। तत्पश्चात् अमेरिकी वैज्ञानिकों ने इस कार्य को और आगे बढ़ाया। इसके फलस्वरूप विशेष गुणों युक्त थिओकॉल नाइट्राइल, निओप्रिन, ब्यूना–एस आदि कई प्रकार के मानव संश्लेषित रबड़ का व्यापारिक तौर पर उत्पादन शुरू हुआ।

नाइट्राइल रबड़: स्टायरीन ब्यूटाडाइन रबड़, थिओकॉल, निओप्रिन के समान ही नाइट्राइल रबड़ के विशेष गुणों के कारण ही उसका व्यावसायिक संश्लेषण किया जाने लगा। इस रबड़ का सन् 1930 में कोनराड एवं उनके सहयोगी वैज्ञानिकों ने संश्लेषण किया। और उन्होंने उसे 'ब्यूना एस' नाम दिया। प्रायशः खनिज तेल के संपर्क में आ जाने से प्राकृतिक रबड़ या स्टायरीन ब्यूटाडाइन पर प्रतिकूल प्रभाव दिखाई देता है। तेल के संपर्क से वे फूल जाते है, और अंत में फट जाते हैं इस प्रकार वे निरुपयोगी बन जाते हैं। परन्तु स्टॉकलिन नामक वैज्ञानिक ने पुष्ट प्रमाण के साथ सिद्ध किया कि नाइट्राइल रबड़ समस्त प्रकार के तेल के प्रभाव से प्रभावित नहीं होता है। तब से नाइट्राइल रबड़ का उपयोग तेल के प्रतिरोधक के रूप में किया जाने लगा।

नाइट्राइल रबड़ में गंधक, कार्बन ब्लैक तथा अन्य रसायन मिलाकर वल्कनीकरण किया जाता है। वल्कनीकरण किए गए इस रबड़ का उपयोग कई वस्तुओं के निर्माण के लिए किया जाता है, यथा – मसलन

तेल तथा वायु को प्रवाहित करने वाले पाइप, तेल की टंकियों के ढक्कन, मोटरकारों तथा स्कूटरों के लिए आवश्यक ऑइलसील, मानव निर्मित एडेसिव आदि। इसके अतिरिक्त नाइट्राइल रबड़ में प्राकृतिक रबड़, पी.वी.सी. या अलग–अलग प्रकार के पॉलिमर मिलाकर उसके गुणधर्म बढ़ा दिए जाते हैं और उसे विशेष स्थानों पर उपयोग में लाया जाता है। इस प्रकार के तेल प्रतिरोधक विशेषता से युक्त रबड़ का औद्योगिक उत्पादन अब हमारे देश में भी हो रहा है। पुणे स्थित सीएसआईआर की राष्ट्रीय रासायनिक प्रयोगशाला ने नाइट्राइल रबड़ के उत्पादन की तकनीक विकसित की है जिसकी अनेक विशेषताएं है। संश्लिष्ट रेशों को चित्र 7 अ में दर्शाया गया है।

चित्र–7अ. संश्लिष्ट रेशे

19. पीवीसी का कमाल – पी.वी.सी. प्लास्टिक वायनील क्लोराइड (वी.सी) नामक रसायन से बनाया जाता है। 1905 ईसवीं तक ऐसीटिलीन गैस तथा हाइड्रोक्लोरिक अम्ल की क्रिया कराके पालीविनाइल क्लोराइड तैयार किया जाता था। इसके प्रतिकूल प्रभाव होने के कारण एथिलीन गैस तथा क्लोरीन की अभिक्रिया से इसे प्राप्त किया जाने लगा। पी.वी. सी. की संरचना को चित्र–8 में दर्शाया गया है।

इसके साथ में कुछ उत्प्रेरक तथा एस्बेस्टास भी मिलाए जाते हैं। इस प्लास्टिक की यह विशेषता है कि इस पर जल, ग्रीस, तेल; पेट्रोल तथा अन्य संक्षारक पदार्थों की कोई प्रतिक्रिया नहीं होती है। इसमें रंग डालकर रंगीन पीवीसी भी तैयार किया जा सकता है।

जिस पी.वी.सी. पाउडर में लचीलापन लानेवाले पदार्थ नहीं मिलाए जाते है उसे रिजिड पीवीसी कहा जाता है। और जिसमें ऐसे पदार्थ

(प्लास्टिसाइजर) मिले रहते हैं उसे 'प्लास्टिसाइज्ड पीवीसी' कहा जाता है।

चित्र–8. पीवीसी की संरचना

रिजिड पीवीसी पर जंग नहीं चढता। पी.वी.सी. पर सल्फ्यूरिक अम्ल तथा अल्कली का कोई असर नहीं होता। इस विशेषता के कारण यदि मिट्टी में गहराई तक पी.वी.सी. पाइप डाले जाएँ तो भी वे बहुत काल तक टिक सकते हैं। औद्योगिक क्षेत्र में और यात्रियों तथा नौदल के लिए बनाए जाने वाले जहाजों के निर्माण आदि में रिजिड पी.वी.सी. का उपयोग किया जाता है। इसी प्रकार इमारतों की खिड़कियों की चौखटें तथा गृह निर्माण के अनेक क्षेत्रों में रिजिड पी.वी.सी. का इस्तेमाल किया जाता है। प्रायशः पीठ दर्द के उपचार में गरम पानी के गद्दे मजबूत पी. वी.सी. से बनाए जाते हैं। इनमें पानी का तापमान बीमार की सहने की क्षमता के अनुसार रखा जा सकता है। पानी के कारण गद्दे का पृष्ठ भाग सीधा रखा जा सकता है, जिससे रोगी अपनी पीठ को आराम पहुंचा सकता है।

पी.वी.सी. का उपयोग शावर्स के परदे, फर्नीचर के कवर आदि के निर्माण में किया जाता है। इसका उपयोग मुख्यतः कृषि क्षेत्र में अधिक मात्रा में किया जाता है। अनाज सुरक्षित रखने के लिए चादरों के रूप में ढकने के लिए भी इसका इस्तेमाल किया जाता है। पी.वी.सी. और वायनील एसीटेट को एकत्रित करके बनाए गए सहबहुलक (Copolymer) से मोटा तख्ता बनाया जाता है।

रबड़ के लचीलेपन से युक्त तथा स्पंज जैसा लगनेवाला फोम कपड़ा इसी पदार्थ से बनाया जाता है। कैसेट के लिए आवश्यक पट्टियां पी.वी.

सी. या तत्सम प्लास्टिक फिल्म से तैयार की जाती है। 'बैंडएड' की पट्टियां में भी वायनील एडेसिव का उपयोग किया जाता है।

पी.वी.सी. प्लास्टिक से चप्पलें, बूट, रेनकोट, पाइप (चित्र–9), खिलौने (चित्र–10) आदि वस्तुएं बनाई जाती हैं। इसका उत्पादन सर्वप्रथम 1951 में जर्मनी में और 1961 में हमारे देश में मुंबई की एक कंपनी ने शुरू किया था। आजकल नोसिल, श्रीराम, आई.पी.सी.एल., रिलायंस, केमप्लॉस्ट, जैसे कारखानों में पी.वी.सी. का उत्पादन होता है। इसका सर्वाधिक उत्पादन अमेरिका में होता है तथा यह हानिकारक भी है।

चित्र–9. पी.वी.सी. पाइप

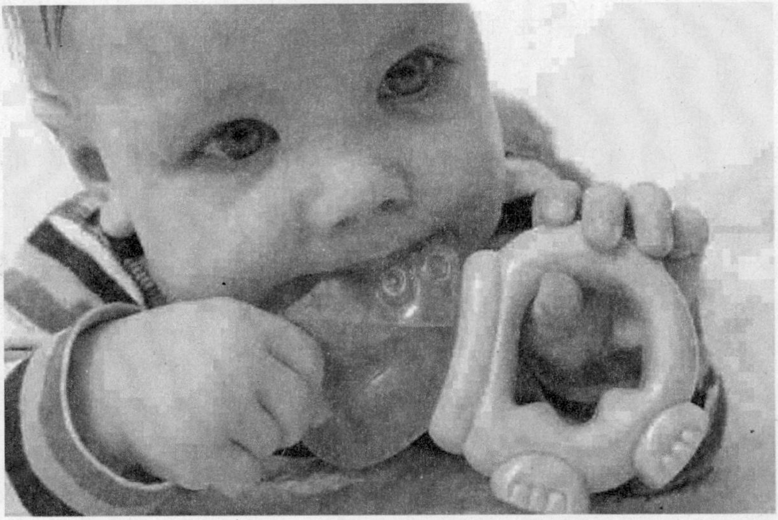

चित्र–10. पी.वी.सी. खिलौने

20. प्लास्टिक के कृत्रिम दाँतः मनुष्य के मुंह की शोभा दाँतों से है। वृद्धावस्था में एक–एक करके जब दाँत गिरने लगते हैं तो मुँह के अंदर परिवर्तन होने लगते है। पुरातन काल में नकली या कृत्रिम दंतावली (डेंचर) की सुविधा उपलब्ध नहीं थी। परन्तु आज की परिस्थिति में बहुत बड़ा परिवर्तन आया है।

बहुत वर्ष पहले कई पदार्थ दाँत बनाने के लिए काम में लिए जाते थें, जैसे लकड़ी, हड्डी या कोई धातु और विशेषकर सोना। उस समय सोने का दाँत एक आभूषण ही माना जाता था। पेट्रोनियस ने सन् 1565 में दाँतों के लिए सोने का उपयोग करने की पद्धति को लोकप्रिय बनाया। ऐसी मान्यता है कि कृत्रिम दाँतों की निर्मिति का प्रारंभ चार्ल्स गुडइयर के वल्कनाइज्ड रबड के कारण हुआ। धीरे–धीरे इस दिशा में शोध कार्य हुए तथा पॉलिमिथाइल मेथा एक्रिलेट (पी.एम.एम.ए.) के आविष्कार ने इस शोध को गति प्रदान की। मिथाइल मेथा एक्रिलेट नामक द्रव से पी.एम.एम.ए. तैयार किया जाता है।

कृत्रिम दाँत बनाने के लिए पॉलिमिथाइल मेथा एक्रिलेट या तत्सम अन्य एक्रिलेट पदार्थ काम में लाए जाते हैं। कृत्रिम दाँत तैयार करते समय पॉलिमिथाइल मेथा एक्रिलेट के साथ ग्लास फाइबर, सोडा लाइम, ग्लास बीड्स, फ्यूज्ड सिलिका, एलुमिनियम तथा कैल्सियम सिलिकेट, बेरियम बोरोएलुमिनियम सिलिकेट, रंगों आदि पदार्थों का मिश्रण तथा

उत्प्रेरक कृत्रिम दाँत बनाने के सांचे में डाले जाते हैं। कृत्रिम दाँत प्रतिदिन हजारों की संख्या में बनाए जाते हैं। उन्हें चिकना बनाने तथा चमकाने के लिए उन पर पॉलिश भी करनी पड़ती है।

कई बार दाँत सड़ जाते हैं। दाढ़ों में छेद उत्पन्न होते हैं। ऐसी स्थिति में भी प्लास्टिक तथा पॉलिमर पदार्थों का उपयोग करते हुए छिद्र भर देने के प्रयत्न किए जाते हैं। पॉलिमिथाइल मेथा एक्रिलेट, बीस ग्लायसिडील तथा मेथा एक्रिलेट या यूरेथेन मेथा एक्रिलेट मिक्चर आदि विविध प्रकार के रेजिनों को काम में लाते हुए छेद भरने का काम किया जाता है। दंतावली के सांचे बनाने के लिए भी अलग–अलग प्रकार के पॉलिमर पदार्थों का उपयोग किया जाता है, जैसे पॉलिसल्फाइड रबड़, ब्यूटाइल रबड़, सिलिकॉन रबड़, पॉलिइथर रबड़ आदि।

प्लास्टिक के अद्‌भुत गुणधर्म के कारण गिरे हुए दाँत के स्थान पर कुछ ही दिनों में प्लास्टिक का दाँत रोपा जा सकता है और वह भी इस प्रकार कि देखनेवाले को इसका पता भी नहीं चले। इतना ही नहीं पी.एम. एम.ए. तथा पॉलिहाइड्रॉऑक्सीइथिल एक्रिलेट जैसे प्लास्टिक पदार्थों से आंखों के लिए हार्ड या साफ्ट कॉण्टेक्ट लेंस बनाए जाते हैं। आज हजारों लोग इनका लाभ प्राप्त कर रहे हैं।

21. इलेक्ट्रॉनिक्स के संरक्षकः प्लास्टिक तथा पॉलिमर आदि शब्दों से प्रायशः सभी परिचित हैं। रुई, ऊन, रबड़ आदि वस्तुएं प्राकृतिक पॉलिमर के रूप में पहचानी जाती है। उसी प्रकार टूथब्रुश प्लास्टिक की बालटियां, थर्मोकोल के तख्त, प्लास्टिक के जूते आदि विविध प्रकार की वस्तुएं मानव निर्मित पदार्थों से बनाई जाती है। वस्तुतः पॉलि का तात्पर्य 'बहु' और 'मर मोनोमर' शब्द का अंतिम अंश है। इन दोनों से पॉलिमर शब्द बना है।

मानव निर्मित पॉलिमर पदार्थ कतिपय कार्बनयुक्त पदार्थो से बनाए जाते हैं। उदाहरण के तौर पर स्टायरीन नामक पदार्थ कार्बनयुक्त मोनोमर है। इस स्टायरीन मोनोमर से यदि एक मणि तैयार की जाए और ऐसी असंख्य मणियों की एकसूत्र माला तैयार की जाए तो उसे पॉलिस्टायरीन कहा जाता है। उसी प्रकार जब इथिलीन से जब पॉलिमर तैयार किया जाता है तब उसे पॉलिइथिलीन कहा जाता है। पॉलिमर की एकत्रित मणियों की माला को लिनियर पॉलिमर कहा जाता है। कभी–कभी यह माला एकरस नहीं होती है। जब मालाओं की शाखाएँ एक दूसरे से जोड़ दी जाती हैं तब वैज्ञानिक परिभाषा में उसे

ब्रेंच पॉलिमर कहा जाता है। कभी–कभी ये मालाएँ एक दूसरे में इस प्रकार उलझ जाती है कि उन्हें अलग नहीं किया जा सकता, तब इन्हें 'क्रॉस लिंक' कहा जाता है। एकरस तथा ब्रेंच मालाओं की मणियों को थोड़ा सा गरम कर देने पर मणिया मुलायम एवं चिपचिपी बन जाती है और अपनी जगह से वे खिसक जाती है। ऐसे पॉलिमर पदार्थों को 'थर्मोप्लास्टिक पॉलिमर' कहते हैं। प्रायशः रास्ते पर प्लास्टिक के जूतों की मरम्मत करने वाला आदमी प्लास्टिक के जूते गरम सलाख से ठीक कर देता है, उसका कारण प्लास्टिक की विशेषता है।

इलेक्ट्रॉनिक्स के क्षेत्र में प्लास्टिक की बहुत उपयोगिता है। इलेक्ट्रॉनिक्स के कई छोटे परन्तु महत्त्वपूर्ण घटकों पर सेल्युलोज नाइट्रेट, पॉलियूरेथेन, पॉलिवायनील क्लोराइड आदि पदार्थों के लेप चढाकर उनकी वाष्प, उष्णता विद्युत दाब आदि से रक्षा की जाती है।

हम टी.वी. के परदे पर विविध रंगों के चित्र देखते हैं। प्रकाश किरणों की वर्षा से विविध रंगों की क्रीड़ा दिखानेवाले रासायनिक रंग पॉलिमर पदार्थ में मिलाकर उनका लेप टी.वी. की ट्यूब पर चढाया जाता है, जिसके परिणामस्वरूप टी.वी. के चित्र विविध रंगों की छटाओं से युक्त होते हैं। उसी प्रकार अलग अलग रंगों के बटन, ढक्कन, टेप, कम्प्यूटर, फ्लॉपी आदि कई प्रकार की वस्तुएँ पॉलिमर पदार्थों से बनाई जाती है। अनेक इलेक्ट्रॉनिक यंत्रों को अत्यधिक सावधानी से बनाया जाता है तथा ऐसे संवेदनशील एवं नाजुक यंत्रों का परिवहन भी एक स्थान से दूसरे स्थान तक पॉलिमर स्पंज के कारण ही होता है।

22. पॉलिइथिलीन भी महत्वपूर्ण प्लास्टिक : आज वो दिन नहीं रहे, जब हम दूध, दही, तेल, घी, आदि खरीदने के लिए बरतन लेकर बाजार जाते थे। अब बर्तनों का स्थान प्लास्टिक की इन थैलियों ने ले लिया है।

दूध की थैली लो डेंसिटी पॉलिइथिलीन (एल.डी.पी.ई) की, तो बालटियाँ तथा डिब्बे हाई डेंसिटी पॉलिइथिलीन (एच.डी.पी.ई) से बनाई जाती हैं। इसके कच्चे माल की पर्याप्त उपलब्धता, अन्य धातुओं की तुलना में सस्ता, किसी भी आकार की आकर्षक वस्तु तैयार करने में कम परिश्रम, कम खर्च, वजन में हलका, मजबूत तथा टिकाऊ आदि बहुविध विशेषताओं से युक्त इस पदार्थ ने सारे विश्व में अपनी अमिट छाप छोड़ रखी हैं।

वस्तुतः सर्वप्रथम 1869 में बथेलों नामक वैज्ञानिक ने पॉलिएथिलीन शब्द का प्रयोग किया। 1936 में फासेट, गिब्सन तथा उनके सहयोगियों ने लंदन की इंपिरियल केमिकल कंपनी की प्रयोगशाला में पॉलिइथिलीन तैयार किया, परन्तु 1952 तक यह प्लास्टिक बाजार में नहीं आया। तत्पश्चात् 1955 में जिगलर नामक जर्मन वैज्ञानिक ने कुछ विशिष्ट उत्प्रेरकों का प्रयोग करते हुए कम दाब तथा ताप के अन्तर्गत एथिलीन गैस से पॉलिएथिलीन तैयार करने की नई विधि की खोज की। इस तरह से बना प्लास्टिक हाई डेंसिटी पालीथीन (HDPE) कहलाया। इसके पश्चात् इटली के वैज्ञानिक नाटा ने अत्यधिक मजबूत पॉलिएथिलीन तैयार किया। हमारे देश में 1959 से इसका उत्पादन कोलकाता में प्रारंभ हुआ। वर्तमान में वडोदरा की इंडियन पेट्रोकेमिकल कंपनी, मुंबई की पालीओलिफीन इंडिया तथा यूसिल आदि की फैक्टरियों में भी प्लास्टिक का उत्पादन किया जाता है।

पालीएथिलीन को एथिलीन गैस से तैयार किया जाता है। पूर्व में एथिलीन एथिल ऐल्कोहल से बनाई जाती थी। परन्तु अब यह प्राकृतिक खनिज तेल से प्राप्त की जाती है। खनिज तेल पर ऊष्मा की क्रिया से (क्रैकिंग प्रोसेस) शुद्ध एथिलीन प्राप्त की जाती है। उच्च दाब (1000 – 3000 वायुदाब) तथा 300° सें. तापमान पर पालीएथिलीन द्रव रूप में प्राप्त होता है। इससे छोटी–छोटी शलाकाएं बनाई जाती है। इस प्रकार लोडेंसिटी पालीएथिलीन तैयार होता है। बाजार में यह प्लास्टिक LDPE सा LLDPE नाम से उपलब्ध है।

इस प्लास्टिक का उपयोग थैलियाँ तैयार करने, चाकलेट, चाय, काफी, साबुन चूर्ण दूध, रसायन को संग्रहित करने या वेष्टन के रूप में काम में लाया जाता है।

प्लास्टिक की थैलियाँ विशेष प्रकार के यंत्रों से बनाई जाती है। इन यंत्रों में फार्मिंग, फिलिंग तथा सीलिंग ये तीनों क्रियाएं एकसाथ पूरी की जाती है। हाईडेंसिटी पालीथीन (HDPE) मजबूत तथा अम्ल एवं क्षार प्रतियोगी होता है। अतः यह सामान बांधने के काम आनेवाले पट्टों, सीमेट की थैलियों के काम में लाया जाता है। इससे पेट्रोल तथा तेल के कैन भी बनते हैं। मच्छरों से बचने के लिए खिड़कियों पर पालीथीन की बनी जालियों के लिए भी इसका उपयोग होता है।

पॉलिथीन की थैलियाँ (चित्र–11) दैनिक जीवन में बाजार से वस्तुएं लाने के काम आती हैं। तत्पश्चात इन्हें फेंक दिया जाता है। इस प्रकार

कूड़े में थैलियों का ढेर लग जाता है। ये आसानी से सड़ती भी नहीं, अतः प्रदूषण बढाने में इनकी बड़ी भूमिका है। अब वैज्ञानिक ऐसा पॉलिथीन बनाने में कार्यरत है। जिसने कुछ रसायन मिला देने से वायु तथा सूर्य की उष्मा से ये थैलियाँ मुलायम पड़ जाएंगी और इनका विघटन आसान हो जायेगा।

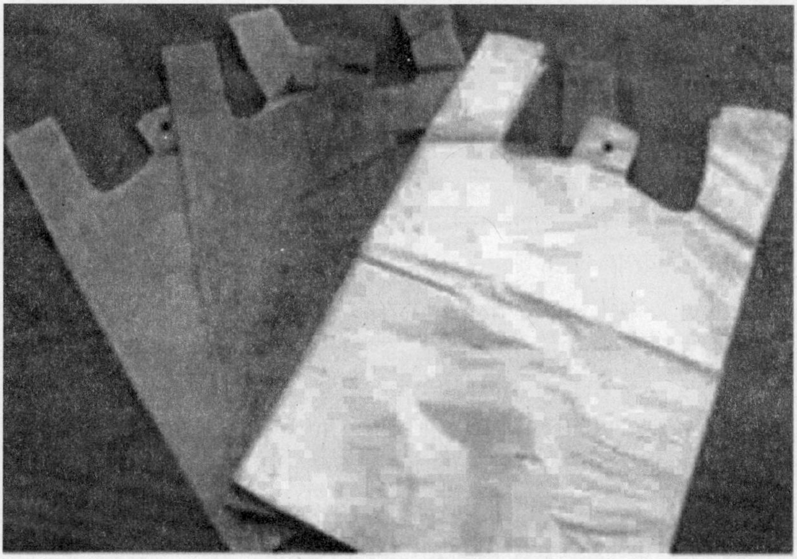

चित्र–11. पॉलीथीन बैग

23. हृदय के कृत्रिम वाल्व में भी प्लास्टिकः वर्तमान काल में चिकित्सकों एवं चिकित्सा क्षेत्र से जुड़े वैज्ञानिकों और इंजीनियरों को प्रतिदिन एक न एक समस्या का सामना करना पड़ रहा है। शरीर को स्वस्थ रखने के लिए नए–नए साधनों तथा उनके उत्पादन हेतु उपयोगी प्लास्टिक को खोजने का अनुसंधान कार्य विश्व के सभी क्षेत्रों में चल रहे हैं।

हृदय रोग के विशेषज्ञ मानव हृदय में होने वाले समस्त विकारों के बारे में यद्यपि अच्छा ज्ञान अर्जित किए हुए है तथापि इस दिशा में सूक्ष्मतम एवं नवीनतम जानकारी प्राप्त करने एवं रोगी को किस प्रकार अधिकाधिक लाभ प्राप्त हो इस दिशा में वे सदैव प्रयासरत रहते है।

चिकित्सा विज्ञानियों के अनुसार, हृदय एक ऐसी शारीरिक संस्था है जो शरीर के रक्त को पूरे शरीर में घुमाने का कार्य अत्यन्त मुस्तैदी एवं

प्रामाणिकता से करती है। यह एक छोटा यंत्र की तरह शरीर के पांच लीटर रक्त को बार–बार घुमाता है। एक ओर से शुद्ध रक्त तथा दूसरी ओर से अशुद्ध रक्त, इस प्रकार तीन से पांच लीटर के संचय बल पर यह कार्यरत रहता है।

हृदय में चार कक्ष होते हैं। प्रत्येक कक्ष में एक–एक पतला परन्तु लचीला पट्टीनुमा वाल्व होता है। हृदय के बाई ओर के वाल्वों को एयरोटिक तथा मायट्रल और दाहिनी ओर के वाल्वों को ट्रायकुसपीड तथा पलमोनरी वाल्व कहा जाता है। इन चारों वाल्वों से एक ही दिशा में रक्त प्रवाहित होता है। हृदय के चारों वाल्व जब तक ठीक कार्यरत होते हैं तब वह सही ढंग काम करता रहता है। परन्तु किन्हीं कारणों से इनमें विकार होता है तो उन्हें शल्यक्रिया द्वारा कृत्रिम वाल्व लगाकर दुरुस्त करना पड़ता है।

वर्तमान समय में चिकित्सा विज्ञान के साथ साथ पॉलिमर/प्लास्टिक संबंधी विज्ञान की अत्यधिक प्रगति हुई है। मानव शरीर में कृत्रिम वाल्व लगाने के प्रयोग सन् 1960 के लगभग शुरू हुए।

वस्तुतः कृत्रिम वाल्व भी दो प्रकार के होते है। पहली पद्धति में कुछ प्राणियों यथा – सुअर, गाय, बैल के वाल्व निकालकर उन्हें ग्लिसरॉल जैसे रसायन में डूबोकर रखा जाता है। तत्पश्चात् यह वाल्व कोबाल्ट निकल की मिश्रधातु की बनी प्लेट पर मजबूती से चिपकाया जाता है। दुर्घटना में मृत व्यक्तियों के वाल्व चौदह घंटों के भीतर निकालकर उन्हें ग्लिसरॉल में डूबोकर दो या तीन सप्ताह तक सुरक्षित रखा जाता है। बाद में यह वाल्व स्टेनलेस स्टील या पालीप्रॉपीलीन प्लास्टिक की गोलाकार चकती पर लगाया जाता है। इस प्रकार के वाल्व आठ से दस वर्षों तक मानव के हृदय में सुव्यवस्थित ढंग से काम करते हैं। रक्त को जमा नहीं होने से बचाने हेतु रोगी को कई प्रकार की औषधियां भी दी जाती है।

कृत्रिम वाल्व का दूसरा प्रकार, यांत्रिक वाल्व (Mechanical Valve) है। ऐसे कृत्रिम वाल्व विशेष प्रकार के प्लास्टिक के पदार्थों से तैयार किए जाते हैं। हृदय का भीतरी आवरण बहुत ही चिकना रहता है, जिससे उसके साथ रक्त का घर्षण नहीं हो सकता है। अतः सतत अंकुचन प्रसारण, रक्तचाप तथा रक्त के मिलते–जुलते रहने की क्षमतावाले पदार्थों की खोज शुरू हुई, तब यह निष्कर्ष निकाला गया कि टेफ्लॉन, डेक्रॉन, सिलिकॉन रबड़ या सिलिकॉन युक्त पॉलिमर आदि पदार्थ रक्त के साथ

एक रूप में हो जाते हैं। टेफ्लॉन अथवा सिलिकॉन, रबड़ के पृष्ठ भाग बहुत ही चिकने, मजबूत, जंग या जंतुओं के विरोधी होते हैं, इसलिए कृत्रिम वाल्व या शरीर के अन्य कृत्रिम अंग बनाने में उनको उपयोग में लाया जाने लगा।

कृत्रिम वाल्व की परीक्षा हेतु ग्लिसरीन एवं पानी के मिश्रण का उपयोग किया जाता है। 30 प्रतिशत ग्लिसरीन तथा 70 प्रतिशत पानी के मिश्रण की घनता रक्त की घनता के बराबर होती है। यह मिश्रण पंप के सहारे वाल्व से जोड़ा जाता है और दाब को कम अधिक मात्रा में नियंत्रित करते हुए यह मिश्रण वाल्व से प्रवाहित किया जाता है। मनुष्य के हृदय के कम अधिक दाब का ध्यान रखते हुए ये सभी प्रयोग किए जाते हैं। अतः यह निश्चित तौर पर कहा जा सकता है कि चिकित्सा क्षेत्र की प्रगति में (एच.डी.पी.ई टेफ्लॉन, सिलिकॉन रबड या सिलिकॉन युक्त पॉलिमर) अत्यधिक सहायक सिद्ध हुए हैं।

24. डायलिसिस संयंत्र में भी पॉलिमरः पॉलिमर के वैज्ञानिकों ने अलग–अलग प्रकार के प्लास्टिक/पॉलिमर की खोज करके उनसे शरीर के लिए उपयोगी कई प्रकार के साधनों (हृदय के वाल्व, काण्टैक्ट लैंस, कृत्रिम अंग, यूरीनरी बैग्स आदि) का निर्माण किया। ऐसे ही एक पॉलिमर पदार्थ को डायलिसिस संयंत्र के लिए काम में लाते हुए उन्होंने वह संयंत्र समाज की सेवा के लिए प्रस्तुत किया है।

किडनी या गुरदे हमारे शरीर से रक्त शुद्धिकरण का कार्य मुस्तैदी से करते हैं। इन छोटे डबल बीजों को आकार के गुरदों से प्रति मिनट लगभग सवा लीटर शुद्ध किया हुआ रक्त शरीर को पहुंचाया जाता है। एक छोटे से गुरदे में लगभग दस लाख रक्त छाननेवाली सच्छिद्र पोली नलियां होती है। बहुत ही पतली एवं पोली होनेवाली ये रक्त वाहिनियां यदि एक दूसरे से जोड़ी जाएं तो उनकी लंबाई सौ किलोमीटर के आसपास होगी। गुरदों के सही काम करने की स्थिति में डॉक्टर रोगी को डायलिसिस करवाने की सलाह देते हैं।

डायलिसिस यंत्र में भी गुरदे के समान ही छलनियां होती हैं। वैज्ञानिक भाषा में उन्हें मेम्ब्रेन या झिल्ली कहते हैं। डॉ. आबेल ने सर्वप्रथम सन् 1914 में कृत्रिम उपायों से रक्त शुद्ध करने के प्रयत्न किए। उसके लगभग तीस वर्ष पश्चात् डॉ. कोल्फ तथा डॉ. बेंक (हालैंड) ने रीजनरेटेड सेल्युलोज तथा सेलोफेन की नलियों का उपयोग करते हुए डायलाइजर तैयार किया। रीजनरेटेड सेल्युलोज नामक पदार्थ कपास के

तंतुओं पर अल्कली (क्षार) की रासायनिक प्रक्रिया से तैयार किया जाता है। सेलोफेन की बैग में पानी जैसा द्रव पदार्थ यदि रखा जाय तो वह चूने लगता है। उसकी इस विशेषता का उपयोग डायलिसिस संयंत्र में किया जाता है। सन् 1960 में वैज्ञानिकों और प्रौद्योगिकीविदों के सफल प्रयास से डायलिसिस संयंत्र पॉलिमर पदार्थों के उपयोग से सही ढ़ंग से कार्य करने लगे।

सन् 1964 में प्रो. महोन ने कृत्रिम गुरदा बनाने का प्रयास किया। तथा कारडिस डोव कॉर्पोरेशन ने सेल्युलेज एसीटेट (यह पॉलिमर पदार्थ कपास के तंतुओं पर विशिष्ट रासायनिक प्रक्रिया द्वारा तैयार किया जाता है और इससे टूथब्रुश, एक्स रे फिल्म आदि वस्तुएं बनाई जाती है।) से बनाई गई सच्छिद्र पॉली मेम्ब्रेन (Hollow Fiber Membrane) का उपयोग करते हुए कृत्रिम गुरदे का निर्माण कर इस क्षेत्र में क्रांति का सूत्रपात किया। इस दिशा में वर्ष 1967 की उपलब्धियां महत्वपूर्ण रही।

सेल्युलोज एसीटेट की आठ इंच लंबाई की लगभग ग्यारह हजार सच्छिद्र नलियां एक डेढ इंच परिधि के प्लास्टिक के पारदर्शक चोंगे में बिठाई जाती हैं। इन सभी नलियों का क्षेत्रफल 1.1 से 1.3 वर्ग मीटर होता है। वैज्ञानिकों ने इस क्षेत्र में समय–समय पर शोध करके डायलिसिस संयंत्रों में सुधार किया। इस दिशा में अन्य पॉलिमर पदार्थों यथा– पॉलिकार्बोनेट, पॉलिसल्फोन, पॉलिएक्रिलोनाइट्राइल का भी परीक्षण किया गया। अनेक प्रयोगों के आधार पर यह निष्कर्ष प्राप्त हुआ कि सेल्युलोज एसीटेट से बनाए गए मेम्ब्रेन डायलाइजर आर्थिक दृष्टि से उपादेय हैं।

विश्व के वैज्ञानिक जेबी गुरदा तैयार करने के अनुसंधान में सक्रिय रूप से कार्य कर रहे हैं। अमेरिकी वैज्ञानिकों को इस प्रकार का पॉकेट डायलाइजर बनाने में सफलता प्राप्त हुई है। इसके लिए विशिष्ट पॉलिमर पदार्थों को उपयोग में लाया गया है। कालांतर में ऐसी आशा की जाती है कि गुरदे के रोगी अपने ही घर बैठे बैठे अपना रक्त शुद्ध करते रहेंगे।

प्लास्टिक के उपयोग

प्लास्टिक के प्रयोग ने धातुओं को प्रतिस्थापित किया है। आयतन की दृष्टि से विश्व में प्रयुक्त होने वाली सामग्रियों में प्लास्टिक चौथे स्थान पर है। पहला स्थान लकड़ी का, दूसरा सीमेंट का, तीसरा स्टील तथा चौथा प्लास्टिक का है। प्रायशः लकड़ी सबसे अधिक सुविधाजनक

है– आसानी से उपलब्ध है और आसानी से ही तराशी एवं काटी जा सकती है। इतना ही नहीं, यह पुनर्नवीकरण होनेवाली भवन सामग्री है। विगत दशकों से प्लास्टिक का उपयोग पैकिंग कार्यों में, फर्नीचर, बिजली का सामान तथा यातायात सामग्री में विस्तृत रूप से होने लगा है। भविष्य की मोटरकारों में आज की अपेक्षा अधिक पुर्जे प्लास्टिक के होंगे। संभव कि मोटरकार की पूरी संरचना प्लास्टिक की बनने लगेगी। उच्च शक्ति के कांच प्रबलित प्लास्टिक (GRP) मोटरकारों के इंजिनों में प्रयुक्त होने लगे हैं। प्लास्टिक से निर्मित जीवनोपयोगी वस्तुएं चित्र–12 में दर्शायी गयी है। यद्यपि प्लास्टिकों की ताप सहनशीलता धातुओं की तुलना में कम है किन्तु कुछ पालीसल्फोन तथा पालीकार्बोनेअ आसानी से 160° सें. तक उपयोग किए जा सकते हैं।

चित्र–12. प्लास्टिक से निर्मित कुछ जीवनोपयोगी वस्तुएँ

प्लास्टिक में कार्बन या मैग्नेटिक बेरियम फेराइट मिलाकर उन्हें बिजली का सुचालक बनाया जा सकता है। प्लास्टिक को आसानी से विभिन्न साँचों में भी ढाला जा सकता है।

अब स्पष्ट है कि प्लास्टिक ने फर्नीचर में लकड़ी का स्थान, खिड़कियों में काँच का स्थान, यांत्रिक इंजीनियरी में धातुओं का स्थान, वस्त्रों में ऊन का और जूतों में चमड़े का स्थान ग्रहण कर लिया है। कम्प्यूटरों में तो प्लास्टिक का वर्चस्व है। – केस, की बोर्ड, डेटास्टोरेज डिस्क आदि सभी प्लास्टिक के होते हैं। वस्तुतः प्लास्टिक के बिना कम्प्यूटर की कल्पना ही नहीं की जा सकती है। अतः अनेक गुणों से युक्त होने के कारण बीसवीं सदी के उत्तरार्द्ध में प्लास्टिक का वर्चस्व सर्वत्र फैल चुका है तथा यह आगामी सदियों तक भी रहेगा।

जल शोधन में पॉलिमर की उपयोगिता

वस्तुतः जल सभी प्राणियों के जीवन की आधारभूत आवश्यकता है। हमारे देश में अनेक ऐसे क्षेत्र हैं, जहाँ पेयजल की न केवल कमी है वरन् कई प्रदेशों के भू–जल गुणवत्ता पर प्रश्न चिन्ह लग जाता है। न केवल लवणीयता – क्षारीयता वरन् नाइट्रेट, फ्लोराइड, लोह व आर्सेनिक की समस्या भी जल को रोगकारक बना देती है।

यद्यपि जलशोधन की अनेक विधियाँ प्रचलित है, यथा – छानना, निथारना, निस्पंदन, रोगाणुनाशन एवं परंपरागत विधियाँ आदि। जल के शोधन हेतु देश में कई शोध संस्थान इस दिशा में कार्य कर रहे हैं। परन्तु सी.एस.आई.आर. के भावनगर (गुजरात) स्थित केन्द्रीय नमक व समुद्री रसायन अनुसंधान संस्थान (सीएसएमसीआरआई) ने लवणीय जल को पेयजल में बदलने की कुछ तकनीकें विकसित की हैं, इनमें प्रमुख है – सौर आसवन (सोलर स्टिल्स), प्रतिलोमी परासरण या रिवर्स आस्मोसिस और विद्युत् अपोहन (इलेक्ट्रोडायलिसिस)।

इसी संस्थान ने इस दिशा में झिल्ली (मेम्ब्रेन) पृथक्करण प्रक्रम, जैसे – नैनो निस्यंदन (Nano filtration) तथा परानिस्यंदन (Ultra filtration) जैसी प्रभावी विधियाँ विकसित कर कम लागत पर देश के समस्याग्रस्त क्षेत्रों में पेयजल सुलभ करवाया है।

सीएसएमसीआरआई के वैज्ञानिकों ने बहुलक या पॉलिमर आधारित विषमांग एक ध्रुवी तथा द्विध्रुवी विद्युत् अपोहन झिल्ली विकसित की है

जिससे इनके विविध उपयोग के अवसर बढ़े हैं। इस संस्थान ने लवणीय तथा समुद्रीजल के उपयोग के लिए बड़े पैमाने पर संघटित पतली झिल्ली (टीएफसी) तकनीक विकसित की है तथा कई संयंत्र देश–विदेश में स्थापित किए हैं जो सफलतापूर्वक कार्य कर रहे हैं (चित्र – 13,14, एवं 15)।

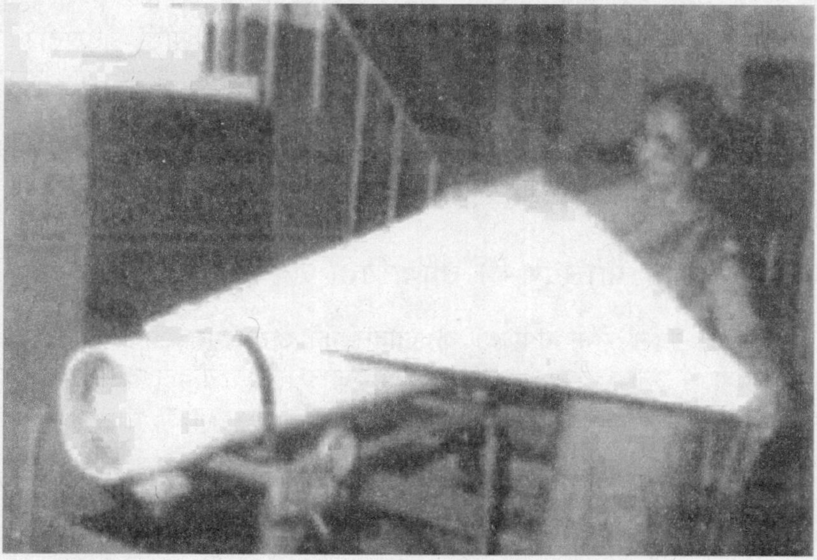

चित्र–13.

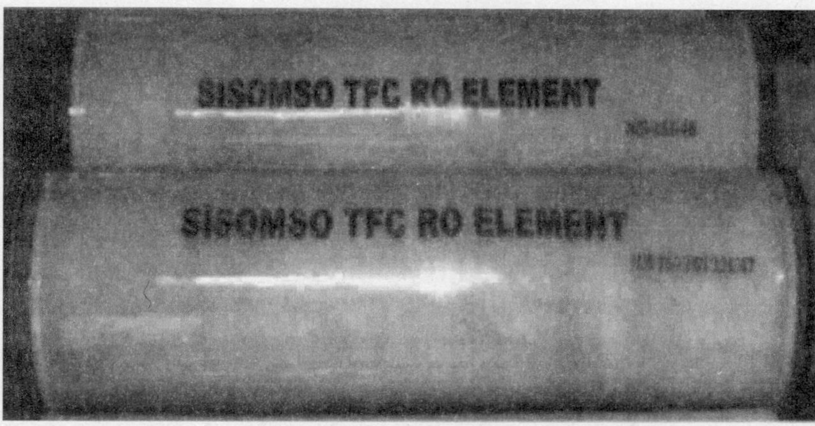

चित्र–14. जल शोधन में पॉलिमर

चित्र–15. जल शोधन विधि

भावनगर के इसी संस्थान के वैज्ञानिकों ने पेयजल में फ्लोराइड तथा आर्सेनिक की समस्या के निदान हेतु लागत कीमत पर पॉलिमर आधारित रेजिन विकसित किए हैं। फ्लोराइड निष्कासन हेतु ऐमिनोमिथाइल फास्फोनिक एसिड रेजिन तथा पेयजल से आर्सेनिक निष्कासन हेतु पॉलिएक्रेमाइड एमाइड प्रकार की संरचना वाले रेजिन विकसित किए हैं। इन रेजिनों के उपयोग से पेयजल में फ्लोराइड तथा आर्सेनिक की समस्या से निजात पाया जा रहा है।

सीएसएमसीआरआई, भावनगर द्वारा नवीन उपकरणों की संरचना भी की गई हैं। जिनमें लवणीय जल से प्रति घंटा 500 लीटर शुद्ध पेयजल प्राप्त करने की पशुचालित आर.ओ. यूनिट (चित्र–16) तथा जैव सक्रियता को प्रगामी बनाने में उपयोगी जलीय हर्बल सांद्रक है। इस संस्थान के वैज्ञानिकों ने पॉलिसल्फॉन होलो फाइबर अल्ट्रा फिल्टरेशन मेम्ब्रेन के उत्पादन का प्रक्रम (चित्र–17) विकसित किया है, जिनका बाहरी व्यास 1000–1500 माइक्रॉन तथा आंतरिक व्यास 700–1000 माइक्रॉन है। इस प्रकार की पॉलिमर आधारित झिल्लियाँ जल को रोगाणुओं से मुक्त करने में कारगर सिद्ध हुई है। इस संस्थान को इस कार्य के लिए यूएस पेटेन्ट (यू एस 7, 387, 728 जून 2008) भी प्राप्त हुआ है।

चित्र–16.

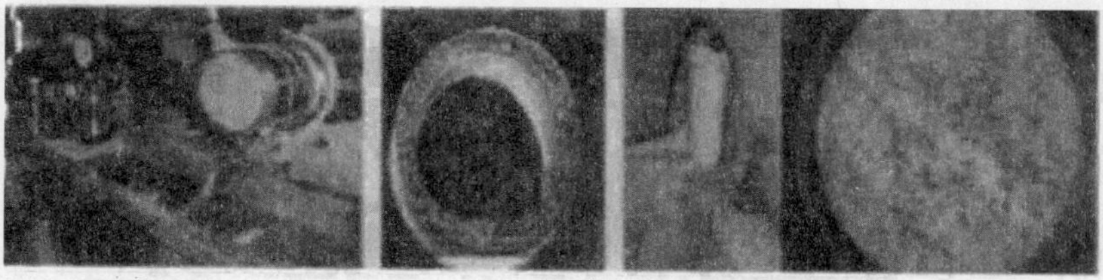

चित्र–17. जल शोधन में अल्ट्राफिल्टरेशन मेम्ब्रेन

प्लास्टिक के इंजिन, घर और ईंधन

अमेरिका की एक कंपनी पेटको ने इंजन निर्माण की प्रक्रिया में क्रांतिकारी शुरूआत की है। धातु से निर्मित इंजिन भार बढ़ाते हैं। अतः इस कंपनी द्वारा तैयार किया गया इंजन छोटी कारों के लिए उपयोगी है। इनका 70 प्रतिशत से भी अधिक भाग थर्मोप्लास्टिक से निर्मित है। प्लास्टिक की क्रैंकशाफ्ट यानी धुरी भी तैयार की जा सकती है जो अभी लोहे की बनती थी।

फिनलैण्ड में दो मंजिला मकान वाली पूरी बस्ती प्लास्टिक से बनी है। इसमें 75 प्रतिशत से अधिक सामग्री प्लास्टिक की बनी है। इस प्रयोग में प्लास्टिक को स्टील तथा कंक्रीट से संयुक्त कराया जाता है। पूर्व में केवल 5 प्रतिशत सामग्री ही प्लास्टिक की होती थी। यह मौसम

तथा संक्षारणरोधी होने के साथ ही भार में हल्का है। तथा इसमें रख–रखाव पर कोई खर्च नहीं होगा। इस तरह यांत्रिक शक्ति, अग्निरोधकता तथा टिकाऊपन प्राप्त किया जा सकेगा। इन घरों में ऊर्जा खपत परम्परागत सामग्रियों की तुलना में 30 प्रतिशत कम होगी।

ऐसा विदित हुआ है कि क्लोराइड आधारित पीवीसी जैसे थर्मोप्लास्टिक अपशिष्ट अब ईंधन तेल में बदले जा सकेंगे। अभी 20 प्रतिशत कचरा पीवीसी प्लास्टिक का होता है। और इनके जलाने से क्लोरीन गैस एवं विषैले यौगिक उन्मुक्त होते हैं।

जापान की तोशिबा कम्पनी थर्मोप्लास्टिकों को चूर्ण करके 400° से. तापमान पर तेल बाथ में गरम करती है। इसमें सोडियम हाइड्रॉक्साइड मिलाकर क्लोरीन गैस को सोडियम क्लोराइड में बदल दिया जाता है। इस तापमान पर तथा 10 वायुमंडलीय दाब पर 6–8 कार्बन परमाणु की श्रृंखला बनती है जो पेट्रोल तथा डीजल में रहती है।

इस प्रकार जितनी ऊर्जा व्यय की जाती है, उससे तीन गुनी अंतिम उत्पाद से प्राप्त की जा सकती है। अभी प्रायोगिक स्तर पर प्रत्येक 2 किलोग्राम प्लास्टिक से एक लीटर तेल के समतुल्य ऊर्जा उत्पन्न की जा सकती है। हमारे देश में भी 3 किलोग्राम प्लास्टिक कचरे से एक लीटर डीजल तैयार करने की विधि विकसित की जा चुकी है। प्लास्टिक से निर्मित उपादनों को चित्र–18 में वर्णित किया गया है।

अन्य उपयोग

वस्तुतः हमारे दैनिक जीवन में प्लास्टिक का विविध प्रकार से उपयोग हो रहा है इसमें मुख्य उपयोग निम्नांकित है –

1. खिलौने
2. पानी की बोतलें
3. थैलियाँ (Carry Bags)
4. वैद्युत स्विचें एवं उपकरण
5. पेंट
6. मैदान की घास काटने की मशीनें एवं विभिन्न कलपुर्जे

प्लास्टिक के अनेक गुणों को दृष्टिगत रखते हुए इनका उपयोग विमान उद्योग और अंतरिक्ष शटलों तक में किया जाने लगा है। प्रायशः

प्लास्टिक यथा – सामान्य तथा विशिष्ट प्रकार के होते हैं तथा जैसा कि विदित है उनके विविध क्षेत्रों में उपयोग होते हैं –

चित्र–18. प्लास्टिक से निर्मित पदार्थ

i. सामान्य प्लास्टिक और उपयोग

PP (पॉली प्रोपिलीन) : खाद्य संग्राहकों, उपकरणों तथा कार के बंपरों में।

PS (पालीस्टाइरीन): पैकेजिंग फोम, खाद्य संग्राहकों, उपभोग्य प्याले, प्लेट, चम्मच, सी.डी. तथा कैसेट बॉक्स में।

H.I.P.S. (हाई इंपैक्ट पालीस्टाइरीन): फ्रिज लाइनर, खाद्य संग्राहकों तथा प्यालों में।

ABS (एक्राइलोनाइट्राइल ब्यूटाडाइन स्टाइरीन): इलेक्ट्रॉनिक उपकरणों (कम्प्यूटर मानीटरो, प्रिंटरों तथा की बोर्ड के ढक्कनों के रूप में पनालियों के लिए)

PET (पॉलीएथिलीन टेरेथैलेट): कार्बोनेटेड पेयों की बोतलें, जार, प्लास्टिक फिल्में, माइक्रोवेब पैकेजिंग में।

PES (पॉलीएक्टर): रेशे तथा कपड़े में।

PA (पॉलीएमाइड नाइलॉन): रेशे, दाँत साफ करने के ब्रश आदि में।

PVC (पॉली विनाइल क्लोराइड): पानी के पाइप, शावर पर्दे, खिड़की के फ्रेम तथा फर्श पर लगाने हेतु।

PU (पॉलीयूरेथेन): कुशनफोम, थर्मल इंसुलेशन फोम, प्रिंटिंग रोलर में।

PC (पॉलीकार्बोनेट): काम्पैक्ट डिस्क, आँख के चश्मे, ट्रैफिक लाइट, लेंस में।

PVDC (पॉली विनाइलिडीन क्लोराइड या सारन Saran) : खाद्य पैकेजिंग में।

PE (पॉलीथीन): झोले, प्लास्टिक की बोतलें आदि में।

PC/ABS (पॉलीकार्बोनेट तथा एक्रिलोनाइडाइल ब्यूटाडाइन स्टाइरीन का मिश्रण) : यह सुदृढ़ प्लास्टिक है। कार के भीतर तथा बाहरी भागों में तैयार करने में प्रयुक्त होता है।

ii. विशिष्ट उपयोगों हेतु प्लास्टिक

PMMA (पॉलीमेथिल मेथाक्रीलेट) : कांटैक्ट लेंस, ग्लेज चढ़ाने में तथा प्रकाश बल्बों में।

PTFE (पॉलीटेट्रा फ्लोरोएथिलीन–टेफ्लॉन) : उष्मा प्रतिरोधक, न्यूनघर्षक लेपों – नानस्टिक तवों में।

PEEK (पॉलीईथर ईथर कीटोन – पालीएथकीटोन) : थर्मोप्लास्टिक, अंतरिक्ष ढलाई में, सबसे महंगा पॉलीमर है।

PEI (पॉलीईथरीमाइड) उल्टेम Ultem : स्थायी पालीमर जो उच्च ताप पर क्रिस्टलित नहीं होता है।

PF (फीनालिक्स या फीनोल फार्मेल्डिहाइड): ऊष्मारोधी, अग्नि प्रतिरोधी पॉलीमर। ये थर्मोसेटिंग प्लास्टिक है – इसका व्यापारिक नाम बैकेलाइट है। इसका पुनर्चक्रण कठिन है।

UF (यूरिया फार्मेल्डिाहाइड) : यह ऐमीनोप्लास्ट है और विविध रंगों में रंगा जा सकता है। यह काष्ठ संसंजकों तथा बिजली के स्विचों में प्रयुक्त होता है।

MF (मेलामीन फार्मेल्डिहाइड) : यह एमीनोप्लास्ट है और विविध रंगों में प्राप्त है।

पॉलीलैक्टिल अम्ल : यह जैव विघटनीय थर्मोप्लास्टिक है। कृषीय पदार्थों के किण्वन से प्राप्त लैक्टिक अम्ल से प्राप्त किया जाता है।

प्लास्टार्च पदार्थ : यह जैव विघटनीय तथा उष्मा प्रतिरोधी थर्मोप्लास्टिक जिसे परिवर्धित मक्के के स्टार्च से बनाया जाता है।

रंग–बिरंगे प्लास्टिक : प्रारम्भ में भूरे या काले रंग (बैकलाइट) का प्लास्टिक बनता था, परन्तु सन् 1930 के दशक तक ऐमीनो प्लास्टिकों (Amino Plastics) के प्रादुर्भाव से चटकीले रंग के प्लास्टिक भी बनने लगे है। वस्तुतः आज बाजार में 50 प्रकार के प्लास्टिक उपलब्ध है। हमारे देश में प्लास्टिक की रंगीन थैलियाँ (पन्नियाँ) भी पुनःचक्रित उत्पाद है।

प्लास्टिक प्रस्फुरक छड़ें

रक्षा प्रयोगशाला, जोधपुर ने प्लास्टिक प्रस्फुरक छड़ों को भी विकसित किया है तथा भाभा परमाणु अनुसंधान केन्द्र, मुंबई से अधिप्राप्त पोर्टल मॉनिटर का प्रयोग करके उसका परीक्षण किया है। विकसित की गई छड़ों का निष्पादन आयातित छड़ों के निष्पादन के तुल्य है। रक्षा प्रयोगशाला, जोधपुर द्वारा स्वदेश में विकसित की गई प्लास्टिक प्रस्फुरक

छड़ों का प्रयोग करके इलेक्ट्रॉनिक्स कॉरपोरेशन ऑफ इंडिया, हैदराबाद के सहयोग से दो सुवाह्य गामा पोर्टल मॉनिटर भी संविरचित किए गए हैं।

चिकित्सा उपकरणों में उपयोग

पी.वी.सी. का चिकित्सा उपकरणों में व्यापक रूप से उपयोग किया जाता है। इसी से ग्लूकोज, रक्त चढ़ाने की ट्यूब, ब्लडबैग, नलियाँ व कैथेटर (चित्र–19) इत्यादि बनाये जाते हैं। पी.वी.सी. से निर्मित उपकरण अतिसुविधाजनक, सस्ते तथा डिस्पोजेबल होते हैं। इसमें भी डी.ई.एच.पी., डी.आई.एन.पी. मिला होता है जो कि हानिप्रद हो सकता है।

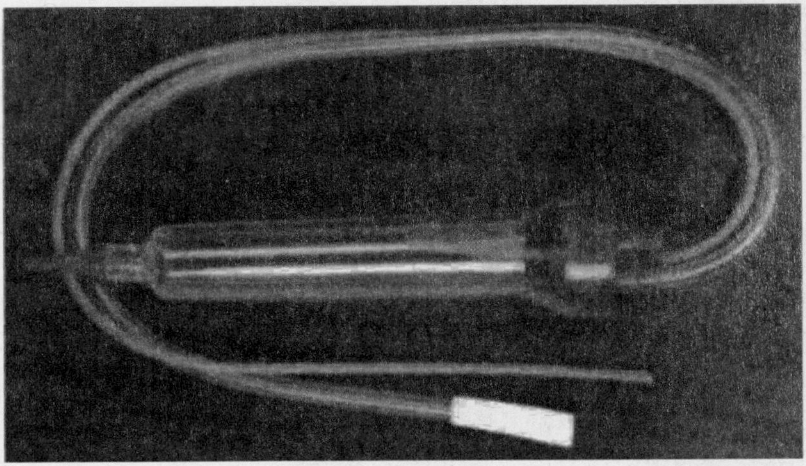

चित्र–19. कैथेटर

बागवानी में प्लास्टिक उपयोग

प्लास्टिक तथा प्लास्टिक उद्योग का व्यापक रूप से बागवानी में उपयोग किया जा रहा है। आधुनिक बागवानी करने वाले देशों में प्लास्टिक की माँग दिनों–दिन बढ़ती जा रही है। प्लास्टिक वजन में हलके और बहुमुखी उपयोग की वस्तु है और इस तरह विभिन्न प्रकार से बड़ी संख्या में फसल उत्पादन एवं भूमि सौंदर्यीकरण में इनका उपयोग किया जाता है। बागवानी के विभिन्न कार्य आज के समय में प्लास्टिक के उपयोग पर ही निर्भर है, जैसे प्रवर्धन, संवेष्टा (सामान्य बांधने का

कार्य) एवं ढुलाई आदि में। प्लास्टिक आवरण में खेती को चित्र–20 में दर्शाया गया है। इसके अलावा प्लास्टिक का उपयोग कुछ और महत्वपूर्ण कार्यों में भी होता है जो कि निम्नवत् है–

चित्र–20. प्लास्टिक आवरण में खेती

(अ) उच्च घनत्व पॉलीएथिलीन (एचडीपाई): इस प्रकार के प्लास्टिक का उपयोग प्रायशः नर्सरी में उपयोग होने वाले डिब्बों या कंटेनर के निर्माण के लिए किया जाता है जो विशेष रूप से पेड़ों और झाड़ीनुमा पौधों को सड़क के किनारे या उबड़–खाबड़ भूमि पर स्थापित करने में सहायता करते हैं। ये काफी मजबूत प्रकार के प्लास्टिक होते हैं एवं पराबैंगनी किरणों के प्रभाव के बावजूद भी आसानी से नहीं टूटते हैं। उच्च घनत्व पॉलीएथिलीन गरमी और रासायनिक प्रतिरोधी होते हैं, इसीलिए बड़े पैमाने पर कीटनाशकों के लिए पीपा या कंटेनर निर्माण में प्रयोग किए जाते हैं। इसका पुनर्नवीनीकरण आसान नहीं होता है।

(ब) कम घनत्व पॉलीएथिलीन (एलडीपाई): यह अपेक्षाकृत सस्ती प्लास्टिक होती है एवं ढकने के लिए सम्पूर्ण विश्व में इनका उपयोग किया जाता है। इसके अलावा पलवार के लिए, हरित गृह (ग्रीन हाउस) के आवरण के लिए, नर्सरी में प्रयुक्त होने वाली शीतकालीन संरचनाओं के निर्माण में प्रमुखता से इसका प्रयोग किया जाता है।

कम घनत्व पॉलीएथिलीन की परत को जब दोहरा दिया जाता है तो यह विश्व के ठंडे भागों में हरितगृह (ग्रीनहाउस) के लिए ढकने और उष्णता बाधा के रूप में प्रभावशाली माध्यम का कार्य करती है।

मुख्यतया यह स्ट्रॉबेरी, सब्जियों, विकसित क्षेत्र में फूल (कटफ्लावर) और यहाँ तक कि शाकीय बारहमासी पौधों के लिए पलवार के रूप में प्रयोग किया जा रहा है। प्रायशः कम घनत्व पॉलीएथिलीन को विभिन्न प्रकार के बागवानी कार्यों में प्रयुक्त होने वाले प्लास्टिक बैग के निर्माण में भी प्रयोग किया जाता है। कम घनत्व पॉलीएथिलीन फिल्मों का आमतौर पर पुनरूपयोग नहीं होता है। इनका पुनर्नवीकरण किया जा सकता है और माध्यमिक उत्पाद जैसे कचरा बैग और प्लास्टिक के अन्य उत्पादों को निर्मित किया जा सकता है। प्लास्टिक से निर्मित आवरण एवं प्लास्टिक रोल को चित्र–21 में दर्शाया गया है।

चित्र–21. प्लास्टिक से बने आवरण एवं प्लास्टिक रोल

प्लास्टिक संरचना सूत्र पात्रों में फूलों की खेती तथा प्लास्टिक आवरण में बागवानी को क्रमशः चित्र–22 एवं 23 में दर्शाया गया है।

चित्र–22. प्लास्टिक पात्रों में फूलों की खेती

चित्र –23. प्लास्टिक आवरण में बागवानी

(स) पॉलीप्रोपिलीन (पीपी) – पालीप्रोपिलीन प्रायशः पौधों के गमलों या कंटेनर निर्माण के लिए किया जाता है। विशेषकर घर में रखने वाले पौधों, जड़ी–बूटी, सदाबहार पुष्पों, कमरों के फूल–पौधों और सजावटी पौधों को रखने के लिए बनने वाले गमलों में इस प्रकार की प्लास्टिक का उपयोग (चित्र–24) किया जाता है। हरितगृह में प्रयोग होने वाले गमलों का निर्माण भी ऐसी ही प्लास्टिक से किया जाता है। यह प्रायशः टिकाऊ, हलके और आसानी से न टूटने वाले होते हैं, इसलिए इनकी मांग भी अधिक है। यह देखा गया है कि पॉलीप्रोपिलीन पराबैंगनी प्रकाश के संपर्क में आने से भंगुर हो जाता है, अतएव इनका उपयोग घर के अंदर लगाये जाने वाले पौधों या त्वरित फसलों के लिए करना सर्वोत्तम रहता है।

(द) उच्च प्रभाव पॉलिस्टाइरीन (एचआईपीएस) – इस प्रकार के प्लास्टिक से प्रायशः नये पौधे (सीडलिंग) और छोटे पौधों को रोपने के लिए लचीली प्लग ट्रे का निर्माण किया जाता है। शुद्ध कठोर पॉलस्टिाइरीन रंगहीन होती है किन्तु सामान्यतः प्लग ट्रे काले रंग का होता है। क्योंकि यह पुनर्नवीनीकरण प्रक्रिया से बना होता है। यह सस्ता और बहुत ही हलका होने के कारण प्रयोग करने में भी आसान होता है। स्टायरोफोम जो कि एक प्रकार की लचीली पॉलीस्टाइरीन है, को काफी

समय से छोटे पौधों के गमलों एवं प्लग ट्रे को बनाने में प्रयुक्त किया जाता है। इसकी सहायता से बने प्लग ट्रे का प्रयोग व्यावसायिक बागवानों द्वारा बड़ी संख्या में वानिकी पौध और सब्जियों के पौधे को उगाने में किया जाता है। उच्च प्रभाव पॉलिस्टाइरीन का पुनः उपयोग किया जा सकता है। इसका संरचना सूत्र चित्र–25 में दर्शाया गया है।

चित्र–24. प्लास्टिक के गमले

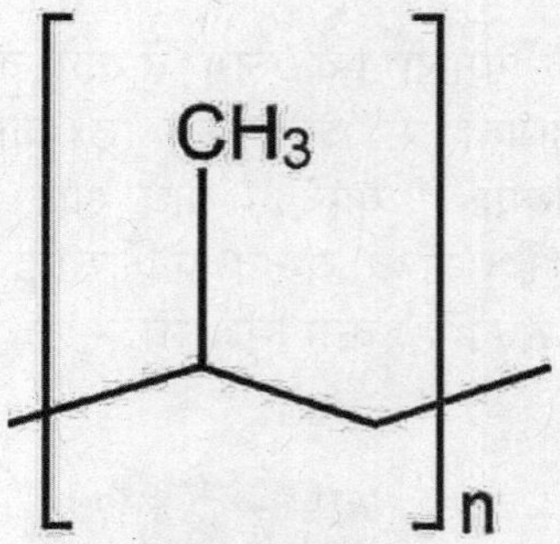

चित्र–25. संरचना सूत्र

बागवानी से जुड़ी अनेक प्रक्रियाओं में प्लास्टिक का उपयोग महत्वपूर्ण है, प्लास्टिक एवं इससे जुड़ी क्रियाएं, जैसे पुनर्चक्रण एवं पुनरूपयोग बड़ी सरकारी एवं निजी कंपनियों को स्थापित करने के लिए महत्वपूर्ण आधार साबित हो रही है, जो कालांतर में रोजगार के कई नए अवसर प्रदान करेगी।

प्लास्टिक का उत्पादन

वस्तुतः प्लास्टिक का उत्पादन तीन प्रकार की बहुलकीकरण विधियों पर आधारित है, यथा– प्रत्यक्ष बहुलकीकरण, बहुसंघनन तथा बहुसंकलन। बहुलकीकरण विशाल पैमाने पर एकलक तथा किसी उत्प्रेरक के मिश्रण में, जिसमें कोई तनुकारक (Diluent) नहीं मिलाया जाता, सम्पन्न किया जाता है। यदि बना हुआ बहुलक द्रव अवस्था में रहता है तो उसे विलयन बहुलकीकरण कहते हैं।

प्रत्यक्ष बहुलकीकरण से तैयार किए जाने वाले प्लास्टिक है – पालीफीन्स, वाइल क्लोराइड तथा स्टाइरीन बहुलक। ये तीनों बहुलक प्लास्टिकों में सर्वाधिक मात्रा में तैयार किए जाते हैं। जैसा कि विदित है पालिएथिलीन के लिए निर्माणकारी इकाई एथिलीन नामक गैस है। यदि उच्च दाब पर (100–300 वायुमंडल) बहुलकीकरण किया जाता है तो निम्न घनत्व वाला पालिएथिलीन बनता है। निम्न दाब पर (1–40 वायुमंडल) उच्च घनत्व पालिएथिलीन प्राप्त होता है।

इसी तरह से विनाइल क्लोराइड के भी बहुलक तैयार किए जाते हैं। विनाइल क्लोराइड गैसों के रूप में होती है। बड़े–बड़े स्टेनलेस स्टील के रिएक्टरों में 10 वायुमंडल दाब पर क्रिया करायी जाती है।

स्टाइरीन बहुलक तैयार करने के लिए स्टाइरीन को छोटे–छोटे केटल में प्रविष्ट करवाकर बहुलकीकरण किया जाता है। तथा प्राप्त द्रव को पहले दंडों (Rods) में परिणत करके उन्हें दानों (Grains) में तोड़ दिया जाता है। एक्राइलिक प्लास्टिक के लिए एक्राइलिक अम्ल का एस्टर लेते हैं। शुद्ध पालीएक्रिलोनाइल संश्लिष्ट रेशों के बनाने में प्रारंभिक सामग्री होती है।

उद्योग में संघनन तथा बहुसंकलन की क्रियाएं कच्चे माल को गलाकर या किसी विलायक की उपस्थिति में तथा उत्प्रेरक डालकर सम्पन्न की जाती है। बहुसंघनन का उत्कृष्ट उदाहरण फार्मेल्डिहाइड रेजिन नामक प्लास्टिक है। जब फार्मेल्डिहाइड को यूरिया तथा मेलाथीन के साथ संघनित करते हैं तो ऐमीनोरेजिन बनते हैं। यदि फीनोल के साथ संघनन किया जाए तो फीनोलिक रेजिन बनते हैं। बेकेलाइट प्लास्टिक ऐसा ही उत्पाद है।

पालीयूरेथेन बहुसंकलन द्वारा बनाए जाते हैं। प्रायशः आयसोसायनेट तथा ऐल्कोहल लेकर बहुसंकलन किया जाता है। जल की उपस्थिति में पालीयूरेथेन फोम बनता है।

प्लास्टिकों को आकार देने की विधियाँ

प्रायशः प्लास्टिक को आकार देने के लिए निम्नांकित पाँच विधियाँ काम में लाई जाती है।

1. संचन या सांचे में ढालना (Moulding)
2. उत्सारण (Extrusion)
3. कैलेंडरण / प्रपीडन (Calendering)
4. लैमिनेटिंग / स्तरण (Laminating)
5. वैल्डिंग (Welding)

1. संचन : प्लास्टिकों को आकार या रूप देने की सबसे अधिक प्रचलित विधि, सांचे में ढालने की या संचन विधि है। प्याले, रकाबियां, बोतलें आदि सांचे में ढाली जाती हैं किंतु इनकी विधियां अलग अलग हैं। ये विधियां हैं –

इंजेक्शन (Injection), ब्लो संचन (Blow moulding) संपीडन संचन (Compression Moulding), शीत ढलाई (Cold Casting) तथा थर्मोफोर्मिंग (Thermoforming)।

प्रायशः इंजेक्शन विधि समस्त थर्मोप्लास्टकों के लिए अनुकूल है। इसमें प्लास्टिक को इंजेक्शन संचन मशीन में पाउडर या छोटे–छोटे दानों के रूप में भर दिया जाता है। इस सांचे के चारों और ठंडा पानी चक्कर लगाता या घूमता रहता है। इस प्रकार प्लास्टिक सांचे के आकार में जम जाता है। सांचे के दोनों भागों को अलग करके प्लास्टिक वस्तु को विलय कर लेते है। सांचे के दोनों भाग पुनः जुड़ जाते हैं और फिर से सांचे में ढालने की क्रिया शुरू हो जाती हैं। यह विधि बहुत तेज तथा सस्ती भी है।

ब्लोसंचन विधि को केवल थर्मोप्लास्टिकों मे ही प्रयुक्त किया जाता है। ठंडे सांचे के भीतर पिघले प्लास्टिक में वायु को प्रवाहित किया जाता है। इससे प्लास्टिक फैलकर सांचे का रूप धारण कर लेता है। बोतलें तथा खोखले खिलौने इसी विधि से बनाए जाते हैं। PVC से खोखली वस्तुएं बनाने के लिए स्लश संचन (Slush Moulding) अपनाई जाती है। इसमें गरम किए हुए खोखले सांचे में प्लास्टिक तथा प्लास्टी साइजर का मिश्रण डालकर घुमाया जाता है। सांचे को छूते ही प्लास्टी साइजर सैट (दृढ) होने लगता है।

संपीडन संचन का उपयोग बेकेलाइड तथा अन्य फार्मेल्डिहाइड प्लास्टिकों को रूप प्रदान करने के लिए किया जाता है। ऐसे थर्मोसेटिंग पदार्थो को अन्य विधि से रूप नहीं दिया जा सकता क्योंकि वे एक साथ पिघलते और सेट करते हैं। इसमें गरम किए गए सांचे के आधे नीचे के भाग में थर्मोसेटिंग मोल्डिंग पाउडर को भरा जाता है। पाउडर पिघल कर सेट करने लगता है तो सांचे का उपरी आधा भाग नीचे उतरता है और उसे आकार प्रदान करता है।

कुछ प्लास्टिक जैसे कि पीवीसी को बिना गरम किए सांचे में ढाला जा सकता है। इसे शीत ढलाई कहते हैं। इसमें प्लास्टिक को प्लास्टीसाइजर के साथ मिलाकर सांचे में रखा जाता है। ये दोनों अभिक्रिया करके ठोस पदार्थ बनाते हैं जो सांचे के आकार का रूप धारण कर लेता है। थर्मोफार्मिंग विधि में कठोर प्लास्टिक शीटों को साँचों में ढाला जाता है। इस प्रकार से प्लास्टिक के बने अंडों के बाक्स मुख्य हैं।

उत्सारण (Extrusion) इस विधि में पिघले प्लास्टिक को छेद में से होकर बलपूर्वक गुजारा जाता है। थर्मोप्लास्टिक के लिए यह विधि अपनाई जाती है। इसमें प्लास्टिक के दानों को उत्सारक (Extruder) में रखकर गरम करते हैं जिससे दाने पिघल जाएं। मशीन के बीच में बनी स्क्रू पिघले प्लास्टिक को डाई में से होकर धकेलती है। इस प्रकार प्लास्टिक डाई का रूप धारण कर लेता है। छड़ बनाने के लिए डाई में एक गोल छेद होता है। ट्यूब बनाने के लिए प्लास्टिक को डाई तथा उसके बीच में रखी छड़ के बीच से गुजारा जाता है। फिल्म (पतली शीट) बनाने के लिए डाई एक लंबी स्लिट होती है।

कैलेंडरण/प्रपीडन (Calendering) इसमें शीट तथा फिल्म बनाने के लिए रोलिंग विधि अपनाई जाती है, जिसे कैलेंडरण कहते हैं। यह थर्मोप्लास्टिकों के लिए प्रयुक्त की जाती है। बड़े–बड़े भाप से गरम किए गए रोलर मृदु किए गए प्लास्टिक को बेलकर फिल्म का रूप दे देते हैं। ताश के पत्ते तथा तांतव वस्त्र (Fabric) पर प्लास्टिक की कोट चढाने में यह उपयोगी विधि है।

लैमिनेशन (Lamination) इस विधि से प्लास्टिक की शीट बनाई जाती है। वस्तुतः लैमिनेशन एक प्रकार से सैंडविच तैयार करने जैसी विधि है। पदार्थ की कई सतहों को एक दूसरे के ऊपर रखकर दबाया जाता है। कागज या कपडे को फार्मेल्डिहाइड रेजिन के विलयन से डूबो करके प्लास्टिक लैमिनेशन किया जाता है। इसे गरम करके दबाने से रेजिन सेट (दृढ़) कर जाती है, जिसे कागज या कपड़े के ऊपर प्लास्टिक शीट चढ़ जाती है।

फाइबर ग्लास, कार बॉडी तथा बोट के पाल भी लैमिनेशन द्वारा तैयार किए जाते हैं। इसमें पॉलीएस्टर रेजिन तथा फाइबर ग्लास की परतें एक के बाद एक रखी जाती है। केवल गरत करने (उत्प्रेरक की उपस्थिति में) पर लैमिनेशन हो जाता है। तथा दाब लगाने की आवश्यकता नहीं पड़ती है।

वेल्डन (Welding) जिन वस्तुओं को कई बार साँचे में ढालकर फिर उनके अंगों को जोड़ना पड़ता है, उनमें वेल्डन की आवश्यकता पड़ती है। इसके लिए उन अंगों को ग्लू से भी जोड़ सकते हैं।

सामान्य वेल्डन में प्लास्टिक के दो सिरों को तब तक गरम करते हैं जब तक वे पिघल नहीं जाते। तब इन सिरों को एक दूसरे के पास लाते हैं तो वे जुड़ जाते हैं। ठंडा होने पर दृढ़ गाँठ पड़ जाती है। वेल्डन का

कार्य गैस टार्च से किया जाता है। यह सावधानी रखनी चाहिए कि प्लास्टिक को लौ से नहीं छूना चाहिए। प्लास्टिक उत्पादन प्रक्रम को चित्र–26 एवं चित्र–26अ में तथा प्लास्टिक वस्तुओं के निर्माण में उपयोग में होने वाली विभिन्न मशीनों को चित्र–27 में दरशाया गया है।

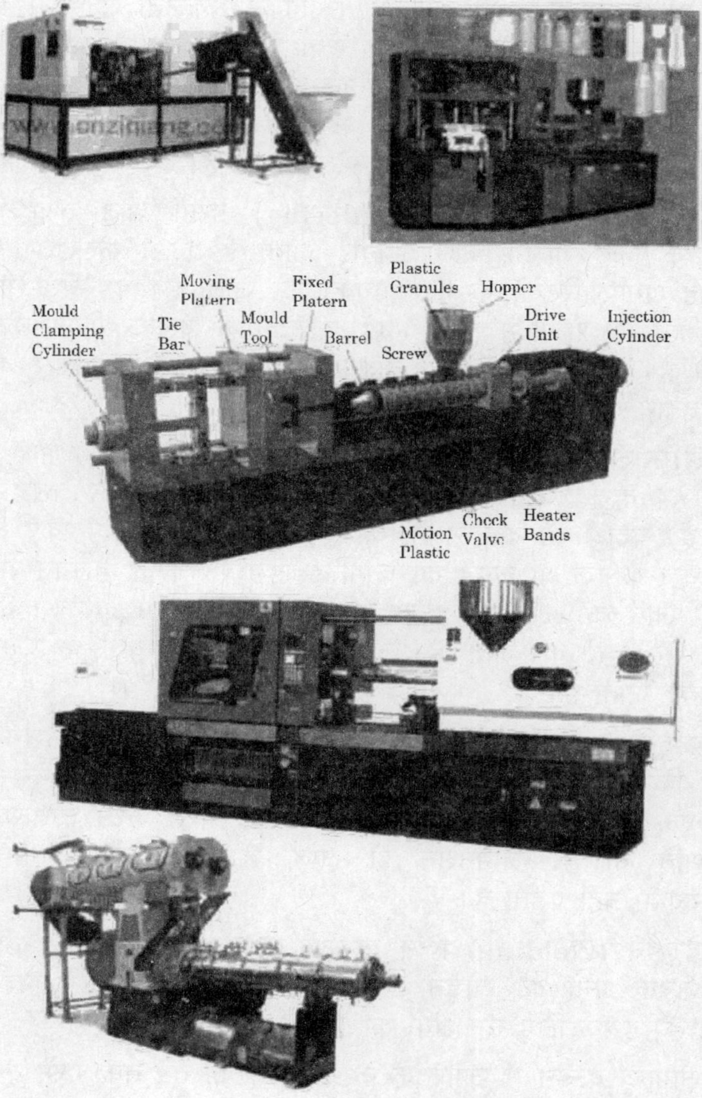

चित्र–26. प्लास्टिक उत्पादन प्रक्रम

चित्र–26अ. प्लास्टिक उत्पादन प्रक्रम

फोमिंग (Foaming) जब पिघले प्लास्टिक में गैस बुदबुदाई जाती है तो इसे फोमिंग कहते हैं। यह गैस रासायनिक विधि से बनाई जा सकती है या वाष्पशील द्रव को गरम करने से प्राप्त की जा सकती है। गैस को दाब के अंतगर्त बुदबुदाया जाता है। सेल्यूलोज, एसीटेट, पॉलीथीन, स्टाइरीन, यूरेथेन, विनाइल, सिलिकोन आदि ऐसे प्लास्टिक हैं जिनमें फोमिंग की जाती है।

चित्र–27. प्लास्टिक वस्तुओं के निर्माण में प्रयुक्त मशीनें

प्रबलित प्लास्टिक (Reinforced Plastic) थर्मोसेटिंग प्लास्टिकों में कुछ पदार्थों को स्तरित करके प्रबलित प्लास्टिक तैयार किए जाते हैं। इन पदार्थों में फाइबर ग्लास, ऐसबेस्टॉस, कागज, कपड़े आदि मुख्य है। इसके लिए दाब लगाकर प्रबलित प्लास्टिक तैयार करते हैं।

प्लास्टिक के विभिन्न कोड/चिन्ह

विभिन्न प्लास्टिक की पहचान हेतु विभिन्न कोड या चिन्ह भी निर्धारित किए गए हैं। इन्हें प्लास्टिक टाइप मार्क भी कहते हैं। प्रायशः फेंकने योंग्य प्लास्टिक पैकेजों तथा एक बार काम में लाए जाने वाले बर्तनों पर पुनर्चक्रण संकेत (Recycling Symbol) बना होता है। परन्तु भोजन का सामान, घडे, बच्चों की बोतलों पर ये संकेत नहीं बने होते हैं। 1 तथा 2 संकेतवाली प्लास्टिक की पतली गर्दनवाली बोतलों का पुनर्चक्रण सुगमता से हो सकता है। अन्य प्लास्टिक भी पुनर्चक्रित किए जा सकते हैं। इसके बारे में जानकारी निम्नवत है।

1. पालीएथिलीन टरथैलेट एथिलीन (Polyethylene terephthalate ethylene) यह चिन्ह सामान्यतया 2 लीटर वाले पेय पदार्थों की बोतलों, पानी की बोतलों, तेल की बोतलों, डिटरजेंट, क्लीनर तथा पीनट बटर जारों में बना रहता है।

2. उच्च घनत्व पालिएथिलीन (High Density polyethylene) यह प्लास्टिक से बने दूध तथा पानी के जगों, डिटरजेंट बोतलों, शैंपू बोतलों तथा कुछ प्लास्टिक थैलियों में बना होता है।

3. पीवीसी/सी पाली विनाइल क्लोराइड (PVC/C Poly Vinyl Chloride) यह प्रायशः प्लास्टिक पाइपों, फर्नीचरों, फर्श की टाइलों, स्नानघर के पर्दों, डिटरजेंट तथा खिड़की साफ करने वाले रसायनों की बोतलों में बना रहता है।

4. कम घनत्व पालीएथिलीन (Low Density Polyethylene) यह खाद्य सामग्री संग्राहकों, कूड़ादान के अस्तरों, लपेटनेवाले प्लास्टिकों, जिपलाक झोलों तथा कुछ बोतलों में बना रहता है।

5. पॉली प्रोपाइलीन (Poly propylene) यह बोतल के ढक्कनों, रस पीने वाले स्ट्रा, योगर्टपात्रों तथा बेबी बोतलों पर बना रहता है।

6. पालीस्टायरीन (Polystylrene) यह अंडे के कार्टनों, फेंकनेवाले प्यालों, मेज पर प्रयुक्त होने वाल प्लास्टिक कटलरी में बना रहता है।

7. अन्य (Others) उपर्युक्त 1 से 6 के प्लास्टिकों के अतिरिक्त अन्य कोई प्लास्टिक, इसमें प्रायशः पालिकार्बोमेट, जैव आधारित प्लास्टिक पालीएस्टर, ऐक्राइलिक, पालीएमाइड तथा प्लास्टिक मिश्रण हो सकते हैं। इनसे बच्चों की बोतलें, बेबीफूड जार, पांच गैलनवाली पानी की बोतलें तथा प्लास्टिक कटलरी बनती है।

प्लास्टिक के खतरे

मानव जीवन के लिए प्लास्टिक न केवल वरदान वरन् अभिशाप भी बन चुका है। वस्तुतः प्लास्टिक संश्लेषित अथवा अर्ध संश्लेषित कार्बनिक ठोस पदार्थों के एक बड़े समूह का सामान्य नाम है। इससे बहुत सारे औद्योगिक उत्पाद निर्मित होते है। प्लास्टिक प्रायशः उच्च अणुभार वाले बहुलक होते हैं जिनमें मूल्य कम करने या अधिक कार्यक्षम बनाने के लिए कुछ अन्य पदार्थ भी मिश्रित किए जा सकते हैं। प्लास्टिक के कचरे का अपक्षय समय (सारणी–1) बहुत अधिक है। इस कारण पर्यावरण की सुरक्षा के लिए प्लास्टिक का विवेकपूर्ण समाधान की आवश्यकता है।

सारणी–1. प्लास्टिक के कचरे तथा दूसरे कचरे का अपक्षय समय

क्र.सं.	प्लास्टिक का सामान	अपक्षय समय	अन्य कचरे	अपक्षय समय
1	प्लास्टिक बैग	20–1000 वर्ष	डिस्पोजल नैपी	450 वर्ष
2	प्लास्टिक बोतल	450 वर्ष	सिगरेट वट मोमलगा	1–5 वर्ष
3	पालिस्ट्रीन कप	50 वर्ष	दूध का कार्टन	3 महीने
4	प्लास्टिक परत वाला कप	3 महीने	पेपर टावेल	2 – 4 सप्ताह

विगत चालीस वर्षों में विश्व के सभी देशों में प्लास्टिक की खपत में बेतहाशा वृद्धि हुई है। सन् 2015 में विश्व में 3220 लाख मीट्रिक टन प्लास्टिक का उत्पादन हुआ। अकेले यूरोप में 580 लाख मीट्रिक टन प्लास्टिक का उत्पादन हुआ। विश्व के एक चौथाई प्लास्टिक का उत्पादन चीन में होता है। संयुक्त राज्य अमेरिका भी अपनी जरुरतों को पूरा करने के लिए प्लास्टिक का आयात चीन से ही करता है। सन् 2014 में विश्व भर में पॉलिएथिलीन (पीई), पॉलिप्रोपिलीन (पीपी) और पॉलिविनाइल क्लोराइड (पीवीसी) की सर्वाधिक खपत 68 किलोग्राम प्रति व्यक्ति संयुक्त राज्य अमेरिका की थी। यूरोपीय क्षेत्र में यह तब 50 किलोग्राम प्रति व्यक्ति, जापान में 46 किलोग्राम प्रति व्यक्ति, चीन में 38 किलोग्राम प्रति व्यक्ति, मैक्सिको में 30 किलोग्राम प्रति व्यक्ति, ब्राजील में 26 किलोग्राम प्रति व्यक्ति और भारत में 8 किलोग्राम प्रति व्यक्ति थी।

प्लास्टिक पदार्थों की खपत में पूरे विश्व में विगत चार दशकों में कितना बदलाव हुआ है, इसका आकलन उन आंकड़ों से लगाया जा सकता है जो विभिन्न देश या देशों के समूह के लिए इस समय उपलब्ध है। एक अध्ययन के अनुसार सन् 1980 में संयुक्त राज्य अमेरिका, कनाडा और मैक्सिको में प्लास्टिक की प्रति व्यक्ति औसत खपत 46 किलोग्राम, पश्चिम यूरोप में 40 किलोग्राम, जापान में 50 किलोग्राम, सेंट्रल यूरोप और तत्कालीन सोवियत संघ में 9 किलोग्राम, एशिया में जापान को छोड़कर 2 किलोग्राम मध्यपूर्व और अफ्रीका में 3 किलोग्राम और पूरे विश्व के लिए यह औसत 11 किलोग्राम था।

सन् 2014 के लिए उपलब्ध आंकड़ों के अनुसार तब यह खपत संयुक्त राज्य अमेरिका, कनाड़ा और मैक्सिको में प्लास्टिक की प्रति व्यक्ति औसत खपत 139 किलोग्राम, पश्चिम यूरोप में 136 किलोग्राम, जापान में 108 किलोग्राम, मध्य यूरोप और पूर्व सोवियत संघ से जुड़े देशों में 48 किलोग्राम, एशिया में जापान को छोड़कर 36 किलोग्राम, मध्य पूर्व और अफ्रीका में 16 किलोग्राम और सम्पूर्ण विश्व के लिए यह औसत 45 किलोग्राम था।

सबसे अधिक प्लास्टिक-कचरा उत्पन्न करने वाले शहर (टन प्रतिदिन)

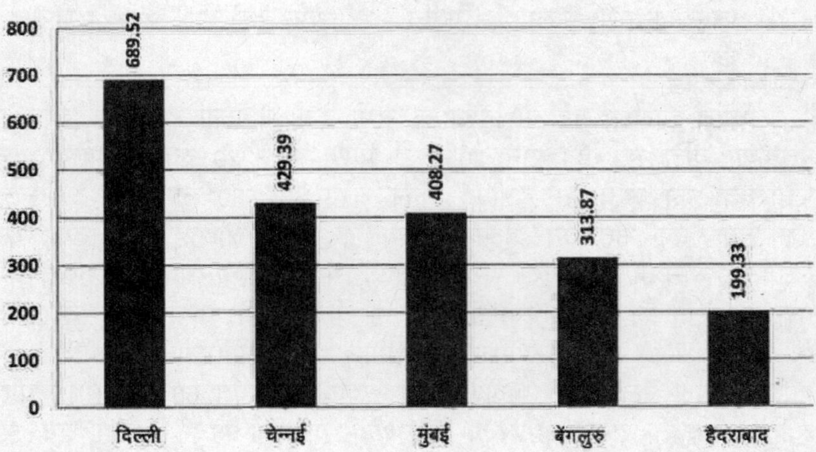

चित्र–28. सबसे अधिक प्लास्टिक कचरा उत्पादन करने वाले शहर (टन प्रतिदिन)

हमारे देश में सबसे अधिक प्लास्टिक कचरा उत्पन्न करने वाले शहर क्रमशः दिल्ली, चेन्नई, मुंबई, बेंगलुरु, एवं हैदराबाद है। इसी प्रकार सबसे कम प्लास्टिक कचरा (टन प्रतिदिन) उत्पन्न करने वाले शहर क्रमशः काबरती, पणजी, दमन, द्वारका एवं गंगटोक है। इन्हें निम्नांकित रेखाचित्र (चित्र 28, 29) में वर्णित किया गया है।

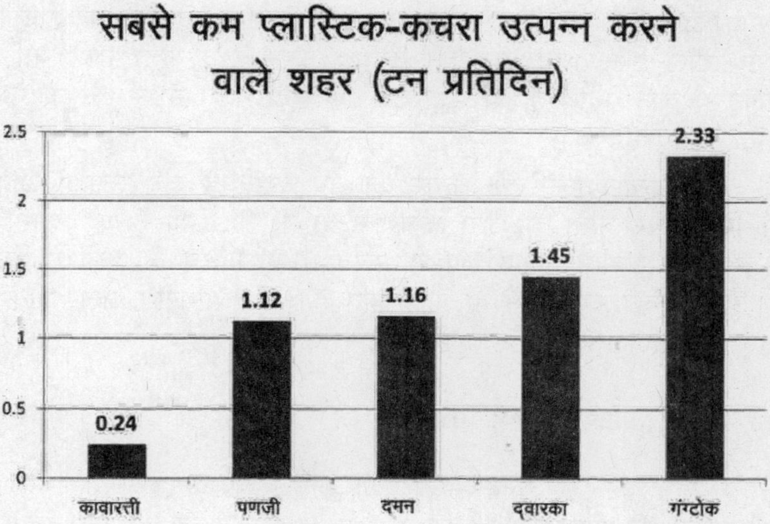

चित्र–29. सबसे कम प्लास्टिक कचरा उत्पन्न करने वाले शहर (टन प्रतिदिन)

प्लास्टिक कचरे के प्रकार

वस्तुतः प्लास्टिक के तीन मुख्य रूप होते हैं – माइक्रोप्लास्टिक, मेगाप्लास्टिक और मैक्रोप्लास्टिक। इसी प्रकार प्लास्टिक का कचरा भी दो प्रकार का होता है – प्राथमिक (प्राइमरी) और द्वितीयक (सेकेन्ड्री) जैसे– बोतलों के ढक्कन, घूम्रपान के बाद सिगरेट के बचे हुए टुकड़े और माइक्रोडेब्रीस जो प्राइमरी प्लास्टिक के अपक्षय से बनते हैं। माइक्रोडेब्रीस अथवा सूक्ष्म कचरा–प्लास्टिक के ऐसे टुकड़े हैं जो आकार में 2 मिलीमीटर से 5 मिलीमीटर के बीच होते हैं। इस सूक्ष्म कचरे को नर्डल (nurdle) कहते हैं। नर्डल का पुनर्चक्रण करके नए प्लास्टिक के सामान बनाते हैं, किन्तु नए प्लास्टिक सामान बनाते समय नर्डल सूक्ष्म आकार के होने के कारण पर्यावरण में भी प्रवेश कर जाते हैं। ये प्रायशः नालों और

नदियों से होते हुए अंततः समुद्र में पहुंच जाते हैं। प्रसाधन उत्पादों और साफ–सफाई के दौरान जो सूक्ष्म कचरा उत्पन्न होता है उन्हें मार्जक (स्क्रबर) भी कहते हैं। चूंकि सूक्ष्म कचरे और मार्जक आकार में इतने छोटे हैं इसलिये कचरा खाने वाले (फिल्थ ईटिंग) जीव प्रायशः उन्हें खा जाते हैं। नर्डल समुद्र में स्थानान्तरण दीर्घ स्थायी जैव संचारक (Bio accumlating) आविषों (Toxins) के स्थानान्तरण के दौरान होने वाले रिसाव आदि के माध्यम से वहां पहुंचते हैं और स्वास्थ्य पर प्रतिकूल प्रभाव डालने में सक्षम होते हैं। वस्तुतः नर्डल एक बहुत छोटे गोलियों (पैलेट्स) जैसे पदार्थ हैं जो प्लास्टिक को बड़ी मात्रा में उत्पन्न करने पर प्राप्त उत्पाद है।

मैक्रो कचरा प्लास्टिक कचरे को तब कहते हैं जब उसका आकार 20 मिलीमीटर होता है। इस कचरे में सब्जी वाले या अन्य दुकानों से मिलने वाले सामान विशेष रूप से भारत में, पालीथिन के थैलों में मिलते हैं। मैक्रो कचरे सागरों में भी पाये जाते हैं। और सागरीय जल–जीवों के लिए अत्यन्त हानिकारक होते हैं।

घरेलू कूड़ा–करकट भी समस्या

पुरातन काल में जब मानव की जनसंख्या कम थी और उसकी जीवनशैली भी साधारण थी उस युग में कूड़ा–करकट की मात्रा कम ही थी और पर्यावरण में उसका विघटन बहुत सरलता से हो जाता रहा होगा। बदलते समय के साथ कूड़े–करकट में उपस्थित सामग्री में बहुत परिवर्तन हुआ है। कुछ दशक पूर्व तक कूड़े–करकट का अर्थ होता था मुख्य रूप से जैविक पदार्थ। साथ में थोड़ी धूल आदि होती थी जो सफाई के समय एकत्रित होती थी। ये जैविक पदार्थ बहुत आसानी से सड़–गल जाता था। तथा जो मिट्टी होती थी वह बच जाती थी। परन्तु उसकी मात्रा बहुत कम होती थी। समय के साथ प्लास्टिक का उपयोग बहुत तेजी से बढ़ा और अधिकांश चीजें प्लास्टिक में पैक होने लगी। यहां तक कि अब लोग अपना थैला लेकर भी बाजार नहीं जाते हैं, बाजार से प्लास्टिक का थैला मिल जाता है। उसी में सामान आ जाता है। दूध, घी, तेल, ब्रेड आदि वस्तुएं भी प्लास्टिक में पैक होकर आने लगी है। इसके परिणामस्वरूप हर तरफ प्लास्टिक का कूड़ा फैल गया है। लोग प्लास्टिक के थैले–थैलियों को भी कूड़े में ही डालते हैं। कूड़े के साथ मिलकर वह गंदा हो जाता है। कूड़ा चुनने वाले (चित्र–30अ एवं चित्र–30ब) अगर

उन्हें जमा करते हैं तो उनके लिए उनको बेचना आसान नहीं होता। पहले उनकी सफाई करनी पड़ती है। जहां तक प्लास्टिक की बोतल, शीशी, डिब्बे (चित्र–31) आदि का सवाल है तो उनको कूड़ा चुनने वाले या रद्दी खरीदने वाले ले लेते हैं क्योंकि उनका पुनः उपयोग या पुनः चक्रण सरलता से हो सकता है। परंतु प्लास्टिक की थैली या पैकिंग का पुनः उपयोग या चक्रण आसान नहीं हैं।

चित्र–30अ. कूड़े से चीजें बीनते बच्चे व महिलाएं

चित्र–30ब. प्लास्टिक कचरा

चित्र–31. खाली प्लास्टिक की शीशी, बोतलें

यही बात थर्मोकाल के साथ है। उसका भी पुनः उपभोग या पुनः चक्रण बहुत कठिन है। आजकल थर्मोकोल के प्लेट, ग्लास, कटोरे, कप आदि भी बनने लगे हैं जिनका लोग आसानी से उपभोग करते हैं। पंरतु इस प्रकर की वस्तुएं उपभोग के पश्चात् बहुत कठिनाई उत्पन्न करती है। उनका जमा करना तथा निपटान दोनों ही बहुत कठिन होता है। यही कारण है कि दिन पर दिन कूड़े–करकट की मात्रा बढ़ती जा रही है और पर्यावरण के लिए समस्या बढ़ रही है।

वैज्ञानिकों का ऐसा अनुमान है कि वर्ष 2075 तक विश्व की जनसंख्या अधिकतम होगी। उसके बाद उसमें गिरावट आयेगी। ऐसा अनुमान है कि वर्ष 2100 में कूड़े–करकट का उत्पादन वर्तमान से तीन गुना अधिक होगा। उसका मुख्य कारण शहरी आबादी होगी। प्रायशः शहरीय क्षेत्रों में रहने वाले लोग ग्रामीण क्षेत्रों में रहने वाले लोगों से अधिक कूड़ा–करकट उत्पन्न करते हैं। ऐसा आभास किया जा रहा है कि जनसंख्या वृद्धि, शहरों की तरफ पलायन, एवं आर्थिक सम्पन्नता से कालांतर में कूड़ा–करकट में वृद्धि होगी। और उसका निस्तारण भी प्रमुख समस्या होगी। आज यह समस्या इतनी गंभीर समझी जाने लगी है कि एक नया विषय उत्पन्न होता जा रहा है और वह गार्बोलॉजी (Garbology) अर्थात् कूड़ा–करकट का विज्ञान के नाम से प्रसिद्ध हो रहा

है। आशा है इस ओर प्रबुद्ध लोगों एव वैज्ञानिक गणों का ध्यानाकर्षण होने से इस समस्या का निदान आसान हो जायेगा।

घरेलू कूड़ा–करकट में बहुत सी ऐसी चीजें भी होती हैं जिनका पुनः उपभोग या पुनर्चक्रण संभव है। प्रायशः कबाड़ी वाले उन्हें लेते हैं। फिर भी कुछ न कुछ बच जाता है जो कूड़े में जाता है यथा – शीशी, बोतल, डिब्बा आदि। अतः उन्हें फेंकने के पूर्व इस बात का ध्यान दिया जाना आवश्यक है कि हम उन्हें ऐसी स्थिति में ला दें कि उनका गलत तरीके से उपयोग न हो सके। कई बार ऐसा सुनने में आता है कि पीने के पानी की खाली बोतलों में नल का पानी भरकर रेलवे स्टेशन, बस स्टैण्ड आदि पर बेचा जाता है। इसमें खरीदने वाला तो पूरे दाम देता है और उसे मिलता है खराब पानी जिसे पीकर वह बीमार हो सकता है। इसी प्रकार ठंडे पानी की बोतलों में भी गलत सामान भर कर बेचने की शिकायत मिलती है। दवा की शीशी, डिब्बों आदि के विषय में तो ऐसा संभव है। अतः उपभोक्ताओं को चाहिए कि फेंकने से पहले ऐसी चीजों को तोड़ दें ताकि उनका पुनः चक्रण तो संभव हो परंतु पुनः चक्रण से पहले उनका पुनः प्रयोग न हो सके। उसी प्रकार आजकल प्लास्टिक की प्लेट, चम्मच, छुरी, कांटा, प्याला आदि का भी उपयोग बहुत अधिक होता है। उन्हें भी दोबारा साफ कर बाजार में न भेजा जा सके।

अतः यदि हम घरेलू तथा आबादी वाले क्षेत्र में उत्पन्न होने वाले कूड़े–करकट पर विचार करें तथा उसकी मात्रा कम करने, उसके वर्गीकरण के विषय में कदम उठाने पर, परिवार के स्तर पर तथा सामुदायिक स्तर पर कदम उठाएं तो बहुत लाभ हो सकता है एवं हमारा पर्यावरण भी सुरक्षित रह सकता है और साथ ही स्वास्थ्य संबंधी बहुत सी समस्याएं भी समाप्त हो सकती है अथवा कम हो सकती है।

उपभोग्य (डिस्पोजेबल) वस्तुओं से रोग

संयुक्त राष्ट्र एड्स विरोधी अभियान में एड्स से बचने के लिए जीवाणु मुक्त सुई का प्रयोग करने की सलाह दी गई। आजकल डॉक्टर इंजेक्शन लगाने के लिए उपभोग्य अर्थात् डिस्पोजेबल सिरिंज (चित्र 32) का ही उपयोग करते हैं। सिरिंज प्लास्टिक की बनी होती है तथा सुई स्टेनलेस स्टील की बनी होती है। इसका दोबारा उपयोग नहीं किया जाना चाहिए। एक व्यक्ति को लगाने के बाद इसे तोड़कर फेंक देना चाहिए, इससे संक्रमण नहीं फैलता है।

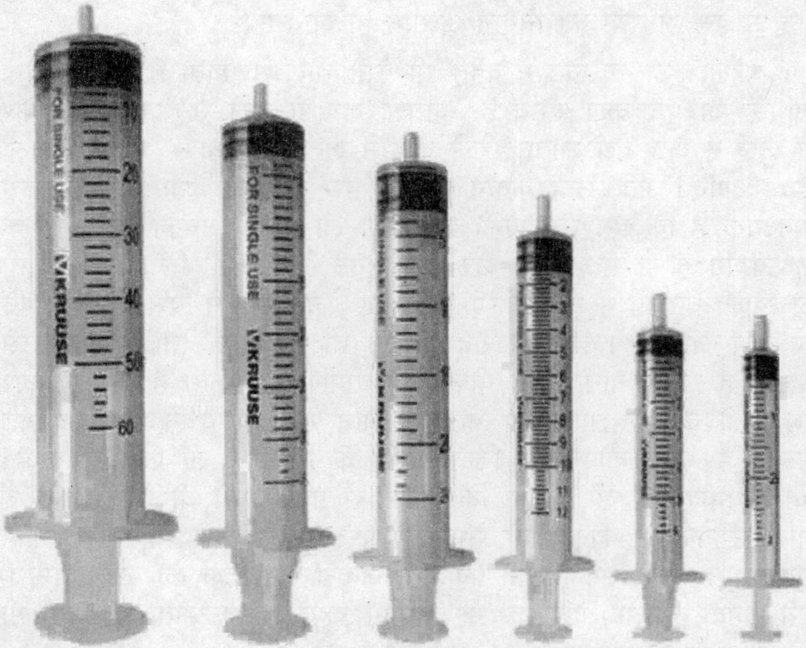

चित्र–32. डिस्पोजेबल सिरिंज

दो–तीन दशक पूर्व सभी चीजें पुनः उपयोग की जाती थीं। परन्तु, आज कई ऐसी वस्तुएं पुनः उपयोग की जा रही है, जिन्हें दोबारा उपयोग नहीं करना चाहिए। जैसा कि विदित है, प्लास्टिक की चीजों को नष्ट करना आसान नहीं हैं। परन्तु, इन सिरिंजों का भी पुनः चक्रण किया जाता है। कबाड़ियों के भंडार से प्लास्टिक, लोहा, कांच, कागज आदि वस्तुएं विभिन्न कारखानों में पहुंच जाती हैं, जहां उनका पुनः चक्रण किया जाता है। लोहा आदि धातुओं को तो फिर से उच्च ताप पर पिघलाकर पुनः उपयोग किया जाता है, जिससे इनमें विषाणु के रहने की आशंका नगण्य ही होती है। लेकिन प्लास्टिक कूड़े को अल्प ताप पर पिघलाकर पुनः उपयोगी बनाया जाता है, जिसमें जीवाणुओं के उपस्थित रहने का खतरा बहुत अधिक रहता है। इससे अधिक ताप पर प्लास्टिक जल जाता है। इसके जलने से विषैली गैस उत्पन्न होती है, जो कि हमारे स्वास्थ्य तथा पर्यावरण के लिए बहुत हानिकारक है।

वस्तुतः उबालकर जीवाणु मुक्त करने की प्रक्रिया अत्यन्त प्राचीन एवं विज्ञान सम्मत है तथा श्रेष्ठ भी है। इन कांच की सिरिंजों एवं धातु की

सुईयों को मात्र कुछ ही मिनट उबाल लेने से ही ये पूर्णतः जीवाणु एवं विषाणु रहित हो जाती है। यहाँ तक कि भयंकर रोग एड्स के वायरस एवं खतरनाक हेपेटाइटिस–बी वायरस भी इससे नष्ट हो जाते हैं। डिस्पोजेबल सिरिंज एवं सुई के साथ यह स्थिति नहीं होती है। विशेषतः जब ये पुनः उपयोग में लाई जाती है।

सामान्यतः तो डिस्पोजेबल सिरिंज एवं सुई दोबारा उपयोग नहीं की जानी चाहिए। यदि किसी कारणवश की भी जाती है, तो उन्हें गामा किरणों द्वारा पूर्णतः जीवाणुमुक्त करना चाहिए। इन प्लास्टिक सिरिंजों को उबालने पर प्लास्टिक पिघलता है तथा इन पर कई प्रकार के पदार्थ चिपक जाते हैं। यदि ये किसी संक्रामक रोगी के लिए उपयोग की गई हो तो उसका संक्रमण दोबारा उपयोग के समय दूसरे रोगी में प्रवेश कर सकता हैं, जिसके कारण एड्स जैसी भयानक बीमारियों के फैलने की आशंका बढ़ जाती है। प्रायशः यह खतरा उन नशाखोरों में अधिक हो गया है, जो इंजेक्शन एवं सुई को कई व्यक्ति उपयोग में लाते हैं।

डिस्पोजेबल वस्तुओं से रोगों के फैलने का खतरा इसलिए भी बढ़ता जा रहा है, क्योंकि इनको नष्ट करने का सरल तरीका उपलब्ध नहीं है और न ही इन्हें नष्ट करने के लिए कोई ठोस कदम उठाये जा रहे हैं। अधिकांश अस्पतालों में डिस्पोजेबल उपकरणों एवं अन्य संक्रामक पदार्थों, जैसे – टी.बी. रोगी का बलगम, उनके फेफडों से निकाला गया संक्रमित पानी, हैजे के रोगी का मल एवं संक्रमित ड्रैंसिंग नष्ट करने की कोई स्थायी व्यवस्था नहीं है। प्रायशः उन्हें या तो दूर फेंक दिया जाता है अथवा फिर नाली में बहा दिया जाता है, जहां से ये नए संक्रमण उत्पन्न कर देते हैं।

अतः किसी भी स्थिति में डिस्पोजेबल सिरिंज एवं सुई का दोबारा उपयोग नहीं करना चाहिए। उबालकर किया गया निर्जर्मीकरण (स्टरलाइजेशन) आज भी श्रेष्ठ है।

प्लास्टिक के विभिन्न क्षेत्रों में दुष्प्रभाव

प्लास्टिक के मानव एवं पर्यावरण पर निम्नांकित दुष्प्रभाव है –

1. मानव स्वास्थ्य पर प्रभाव – प्लास्टिक का उपयोग मानव स्वास्थ्य के लिए अत्यधिक हानिकारक होता है। प्लास्टिक असंतृप्त हाइड्रोकार्बन तथा पेट्रोरसायनों के उच्च अणुभार वाले बहुलक होते हैं

जिनका अति सूक्ष्म मात्रा में भी शरीर में प्रवेश प्राणघातक होता है। प्रायशः नगरों के जिन क्षेत्रों में प्लास्टिक युक्त कूड़ा–करकट डालकर जलाया जाता है वहां का बहुत बड़ा भाग आविषालु गैसों के प्रभाव में रहता है जिससे प्रत्यक्ष या अप्रत्यक्ष रूप से मानव प्रभावित होता है। प्लास्टिक का उपयोग करने से मनुष्य में विविध प्रकार के मनोवैज्ञानिक तथा व्यवहारगत परिवर्तन होते हैं जिससे हम प्रकृति के प्रति असंवेदनशील हो जाते है।

प्लास्टिकों में प्रायशः अनेक प्रकार के विषाक्त योगज (Toxic Additives) मिलाए जाते हैं। उदाहरण के तौर पर ऐडिपेट तथा थेलेट योगज जिन्हें प्लास्टीसाइजर (Plasticizer) कहते हैं, प्लास्टिकों को भंगुर (Brittle) बनाने के लिए मिलाए जाते हैं। पालीविनाइल क्लोराइड (पीवीसी) में ये प्लास्टीजाइजर इसलिए मिलाए जाते हैं जिससे वह इसका उपयोग भोजन पैकेजिंग में, बच्चों के खिलौने तथा टीथर्स (Teethers) में टयूबिंग में, स्नानघर के पर्दों में किया जा सके। जब प्लास्टिक भोजन के सम्पर्क में आता है तो इन रसायनों की कुछ न कुछ मात्रा बाहर निथर आती है। इसी कारण यूरोपियन यूनियन ने डाइ इथाइलेक्सिल थैलेट (Diethyelxyl phthalate) पर जो कि पीवीसी (PVC) में प्रयुक्त प्लास्टीसाइजर है, रोक लगा दी है। इसी प्रकार पालीस्टायरीन से बने भोजन के बर्तनों से कुछ यौगिक निक्षालित होकर भोजन में मिल जाते हैं और ये मनुष्यों के हार्मोन के कार्यों में बाधा डालते हैं तथा ये कई प्रकार के कैंसर उत्पन्न करनेवाले भी होते हैं।

वस्तुतः प्लास्टिक मुख्यतः पेट्रोलियम पदार्थों से निकलने वाले कृत्रिम रेजिन से बनाया जाता है। रेजिन में अमोनिया एवं बेंजीन को मिलाकर प्लास्टिक के एकलक (मोनोमर) बनाए जाते हैं। इसमें कार्बन, हाइड्रोजन, ऑक्सीजन नाइट्रोजन, क्लोरीन, सल्फर और फ्लुओरीन के अणु होते हैं। पीवीसी प्लास्टिक विनाइल क्लोराइड के बहुलकीकरण (पॉलिमिराइजेशन) से बनाया जाता है। यह रसायन मस्तिष्क एवं यकृत में कैंसर उत्पन्न कर सकता है। मशीनों की पैकिंग बनाने के लिए अत्यन्त कठोर पॉलिकार्बोनेट प्लास्टिक फॉस्जीन बिसकीनॉल यौगिकों के बहुलकीकरण से प्राप्त किये जाते हैं। इनमें एक घटक फॉस्जीन अत्यन्त विषैली एवं दमघोटू गैस है। विश्व स्वास्थ्य संगठन (WHO) की कैंसर अनुसंधान की अंतरराष्ट्रीय संस्था (IARC) ने यह स्वीकार किया है कि पीवीसी बनाने में प्रयुक्त विनाइल क्लोराइड कैंसरकारी है। कुछ बहुलकों को जब गरम किया जाता है तो वे एकलकों (मोनोमर) में या अन्य विषैले पदार्थों में विघटित

हो सकते हैं। इसी प्रकार पालीकार्बोनेटों में मुख्य आधार बिसफीनॉल A(BPA) है जो भोजन में निक्षालित हो सकता है और एस्ट्रोजन सदृश हार्मोन को विखंडित करनेवाला भी बन सकता है।

यह भी देखा गया है कि बिसफीनाल A(BPA) टिन के डिब्बों के अस्तरों से, दांत भरनेवाली सामग्री से तथा पाली कार्बोनेट की बनी बोतलों से निक्षालित हो सकता है। इससे प्रयोगशाला में प्रयुक्त पशुओं के बच्चों का शरीर भार भी बढ़ता पाया गया है। BPA की थोड़ी भी मात्रा से इंसुलिन प्रतिरोधकता बढ़ती है जिससे सूजन तथा हृदय रोग भी हो सकता है।

बिस (2–एथिल–हेक्सिल) ऐडीपेट जो पीवीसी से बने लपेटनेवाले प्लास्टिक में रहता है, चिंताजनक है। इसी प्रकार पानी की बोतलों के पुनः उपयोग से विषाक्त रसायन उनमें प्रवेश करते है। पेट्रोलियम से बने अधिकांश प्लास्टिकों का पुनः नवीकरण नही हो सकता है। भोजन बनाने तथा खाद्य संग्रहण में प्लास्टिक के उपयोग से स्वास्थ्य को खतरा रहता है। प्लास्टिक के निर्माण तथा दहन दोनों से वायु तथा जल प्रदूषण फैलता है और जो प्लास्टिक की फैक्टरियों में कार्य करते हैं वे विषाक्त रसायनों की चपेट में आ जाते हैं।

पीवीसी बनाते समय योगजों तथा स्थायी कारकों की आवश्यकता पड़ती है। प्रायशः शक्ति प्रदान करने के लिए लेड (Pb) प्रयुक्त होता है तथा सुनम्यता के लिए प्लास्टीसाइजर डाले जाते हैं। ये विषैले योगज है जिनसे प्रदूषण बढ़ता है और मानव इनके सम्पर्क में आता है।

पी.वी.सी. के उत्पादन के समय अथवा पीवीसी कचरे से अथवा पी.वी.सी. जलाने से डाइऑक्सिन (Dioxin) निकलता है (चित्र–33)। जो घास के मैदानों में बैठ जाता है और माँस एवं डेयरी उत्पादों में संचित होकर अंततः मानव ऊतकों में पहुँचता है। डाइऑक्सिन ज्ञात कैंसरकारी है। इसकी कम मात्रा से जन्म के समय बच्चे का भार घटता है। बच्चा ठीक से सीख नहीं पाता है। इससे हार्मोन भी विभाजित होता है।

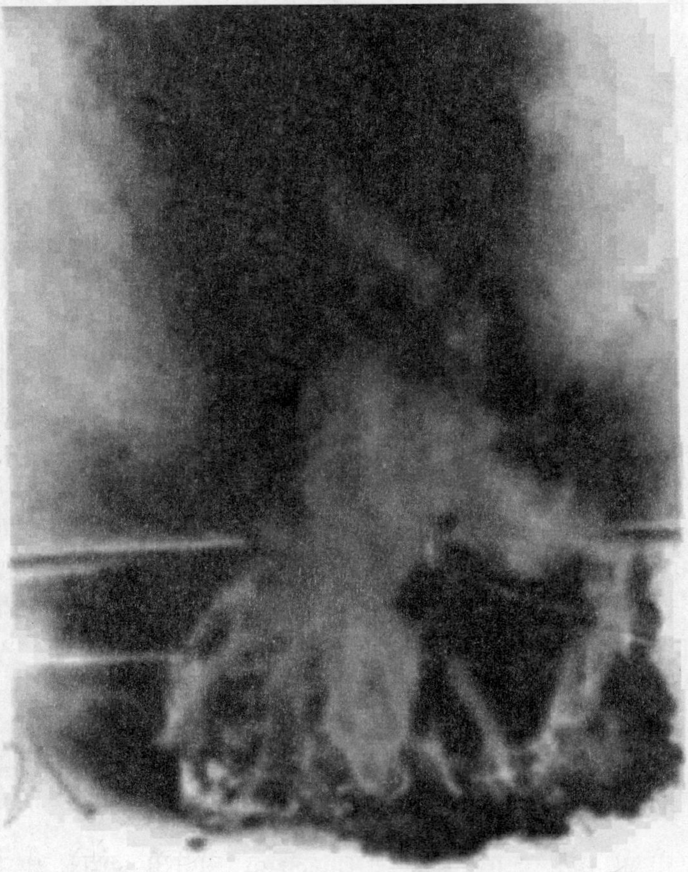

चित्र–33. जलते प्लास्टिक से निकली गैस

बिसफीनाल की विषाक्तता – A(BPA) बिसफीनाल एक ऐसा रसायन है जो मानव हार्मोन एस्ट्रोजन के सदृश है। यह पालीकार्बोनेट प्लास्टिक से घुलकर बाहर आ सकता है। यह देखा गया है कि जिन लोगों के मूत्र का परीक्षण किया गया उनमें से 95% लोगों के मूत्र में BPA था। वैज्ञानिकों ने गर्भिणी महिलाओं के रक्त तथा प्लैसेंटा (Placenta) में BPA की उपस्थिति उस स्तर पर पाई जो प्रयोगशाला जंतुओं को हानि पहुंचाता है। जंतुओं के साथ किए गए प्रयोग दर्शाते हैं कि जिस स्तर को 'सुरक्षित' माना जाता है उससे शतांश स्तर भी जंतुओं के लिए विषैला था। BPA प्रोस्ट्रेट कैंसर कोशिकाओं को उद्दीप्त करता है और वक्ष ऊतक में परिवर्तन लाता है जो चूहों तथा मनुष्यों में वक्ष कैंसर

की प्रारंभिक अवस्था जैसा लगता है। बाल्यकाल में BPA के संपर्क से आनुवांशिक क्षति हो सकती है जिससे गर्भपात की प्रबल संभावना रहती है। स्त्रियों के मूत्र में BPA की उच्च मात्रा गर्भाशय क्षति (Ovary Dysfunction) का सूचक होता है। यह देखा गया कि जिन स्त्रियों को बार–बार गर्भपात हुआ उनके रक्त में सामान्य स्त्रियों की तुलना में तीन गुना BPA था।

डाई 2 एथिल हेक्सिल ऐडिपेट विषाक्तता – यह भी एक प्लास्टिसाइजर है जिसका संपर्क जल, खाद्य, वायु तथा उपभोक्ता उत्पादों के माध्यम से होता है। पीवीसी के लपेटन में डाइ 2 एथिल हेक्सिल एडिपेट या DEHA रहता है, जो हार्मोन विभंजक रसायन है, जो तैलीय खाद्यों के संपर्क द्वारा मिल सकता है या जब इसे गरम किया जाता है। DEHA के संपर्क से यकृत, गुर्दे, तिल्ली, अस्थि निर्माण तथा शरीर पर बुरा प्रभाव पड़ता है। यह भी कैंसरकारक है जिससे मुख्यतः यकृत प्रभावित होता है।

स्टाइरीन (Styrene) – यह पालीस्टाइरीन प्लास्टिक से निक्षालित हो सकता है। जो श्रमिक दीर्घकाल तक स्टाइरीन के संपर्क में रहते हैं, उनके मस्तिष्क तथा तंत्रिका तंत्र के लिए विषैला हो सकता है। पशुओं में यह लाल रक्त कोशिकाओं, यकृत, गुर्दो तथा आमाशय को दुष्प्रभावित करता है। सिगरेट के धुएं, आटो एक्जास्ट धुओं तथा प्लास्टिक को जलाने पर यह गैस निकलती है जो बेहद नुकसानदायक होती है।

प्लास्टिक के गिलास में गरम पेय हानिकारक

प्रायशः यह देखा गया है कि कुछ लोग चाय, दूध, दही आदि प्लास्टिक में ही पीते हैं तथा समूह के लिए गरम चाय आदि होटलों/छोटी दुकानों से प्लास्टिक की पन्नी में (चित्र–34) मंगवाते हैं। गरम चाय पन्नी में डालने से पन्नी का रसायन चाय में चला जाता है जो बाद में शरीर में प्रवेश कर जाता है। चिकित्सकों ने प्लास्टिक के गिलासों और पॉलिथीन में गरम पेय पदार्थों का सेवन नहीं करने की सलाह दी है। चिकित्सकों के अनुसार प्लास्टिक की गिलासों में गरम पेय पदार्थ का सेवन करने से डायरिया के साथ अन्य गंभीर रोगों की संभावना बढ़ जाती है।

चित्र–34. प्लास्टिक की थैलियों व गिलास में चाय का सेवन हानिकारक

बोतल बंद पानी भी अछूता नहीं : यह आम धारणा रहती है कि बंद बोतल में भरा पानी सुरक्षित एवं पीने योग्य होगा। परन्तु उसमें भी प्लास्टिक के कण देखे गऐ हैं। इस संदर्भ में अमेरिका के न्यूयार्क की स्टेट यूनिवर्सिटी के वैज्ञानिकों ने भारत के अतिरिक्त चीन, अमेरिका, ब्राजील, इंडोनेशिया, केन्या, लेबनान, मैक्सिको, और थाइलैंड में बेची जा रही 11 ब्रांडों की 250 पानी की बोतलों (चित्र–35) का विश्लेषण किया। मार्च 2018 में किए गए इस अध्ययन के प्रतिवेदन के अनुसार बोतल बंद पानी के 90 प्रतिशत नमूनों में प्लास्टिक के अवशेष पाए गए। प्रतिवेदन के अनुसार सर्वाधिक प्लास्टिक के कण अमेरिका और थाइलैंड में बेचे जा रहे चर्चित ब्रांड में मिले। सभी ब्रांडों के एक लीटर पानी में औसतन 325 प्लास्टिक के कण मिले। वैज्ञानिकों ने यह ज्ञात किया कि बोतलबंद पानी में यह प्रदूषण पैकेजिंग के दौरान बोतलों के ढक्कन से आता है। प्लास्टिक के जो अवशेष पाए गए हैं, उनमें पॉली प्रोपाइलीन, नायलॉन और पॉलीइथाइलीन टेरेप्थेलेट सम्मिलित हैं। इन सभी का उपयोग बोतल के ढक्कन बनाने में होता है। वस्तुतः ये प्लास्टिक की पानी की बोतलें बहुत कचरा कर रही हैं। एक आकलन के अनुसार वर्ष 2016 में पूरे विश्व में 480 अरब बोतलें खरीदी गई, अर्थात् पूरी दुनिया में हर मिनट 10 लाख प्लास्टिक की बोतलें खरीदी जाती हैं, जिनमें से 50 प्रतिशत कचरा बन जाती है।

चित्र–35. पानी की बंद बोतलें भी सुरक्षित नहीं

प्लास्टिक से होने वाले खतरों से जुड़ी एक चेतावनी ब्रिटेन के वैज्ञानिकों ने भी जारी की है। उन्होंने प्लास्टिक से बने लंच बाक्स, पानी की बोतल और भोजन को गरम व ताजा रखने के लिए उपयोग में लाई जाने वाली पतली प्लास्टिक फॉइल (क्लिंज फिल्म) के बारे में सावधान किया है कि इनमें 175 से अधिक दूषित घटक होते हैं; जो बीमार करने के लिए उत्तरदायी हैं।

वैज्ञानिकों का मत है कि यदि भोजन गरम हो या उसे गरम किया जाना हो, तो ऐसे खाने को प्लास्टिक में बंद करने से या प्लास्टिक के टिफिन में रखने से दूषित रसायन भोजन में चले जाते हैं। इससे कैंसर और भ्रूण के विकास में बाधा सहित कई बीमारियों का खतरा बढ़ जाता है। इन खतरों को दृष्टिगत रखते हुए ही ब्रिटेन में कैंसर संस्थान, खाद्य पदार्थ को पैक करने और गरम रखने के लिए प्लास्टिक उत्पादों का उपयोग बंद करने की सलाह देने लगे हैं। वैसे खतरा तो दूध की प्लास्टिक बोतलों को लेकर भी है। वस्तुतः प्लास्टिक की बोतल में रासायनिक द्रव्यों की कोटिंग होती है। बोतल में गरम दूध डालने पर रसायन दूध में मिलकर बच्चे के शरीर में पहुंचकर नुकसान पहुंचाता है। दूध की बोतल के अलावा शराब, ठंडे पेय (कोल्ड ड्रिंक्स) और पैक्ड फूड की नमी से बचाने के लिए कई कंपनियां, प्लास्टिक में इसी की खतरनाक रासायनिक कोटिंग करती है।

बच्चों के खिलौने – बच्चों के लिए प्लास्टिक के खिलौनों में लैंड, कैडमियम, रासायनिक रंग एवं अन्य हानिकारक तत्व विद्यमान रह सकते हैं। ये रासायनिक पदार्थ खिलौनों से बाहर रिसते रहते हैं। प्रायशः बच्चे हर चीज को चाहे वह हानिकारक भी हो अपने मुँह में डालते हैं जिससे ये हानिकारक रसायन उनके शरीर में चले जाते हैं। अतः बच्चों को खिलौनों को मुंह में डालने (चित्र–36अ व चित्र–36ब) से रोकना चाहिए। ऐसे खिलौनों को खरीदना भी नहीं चाहिए। हमारे देश में खिलौनों के उपयोग में लायी गयी प्लास्टिक के कोई मानक नहीं हैं। अधिकतर सस्ते खिलौने पुनः चक्रित प्लास्टिक से तैयार किये जाते हैं जो अत्यधिक हानिकारक होते हैं, इनमें हानिकारक रंग भी मिलाए जाते हैं।

चित्र–36अ. रसायनों से युक्त बच्चों का खिलौना

चित्र–36ब. बच्चों के खिलौने

चिकित्सा उपकरण एवं दवाओं की पैकिंग

चिकित्सा के क्षेत्र में पी.वी.सी. का ग्लूकोज की बोतल, रक्त चढ़ाने की टयूब, ब्लड बैग, नलियाँ व कैथेटर इत्यादि बनाने में उपयोग किया जाता है। यद्यपि ये सुविधाजनक है परन्तु इसमें भी डी.ईएच.पी., डी.आई. एन.पी. मिला होता है जो कि हानिकारक हो सकता है।

सितंबर 2015 में भारत सरकार ने एक अध्यादेश जारी करके दवाओं को प्लास्टिक से बनी शीशीयों व बोतलों में पैक करने पर रोक लगाने की मंशा जाहिर की थी। तथा यह उल्लेख किया गया था कि ये प्लास्टिक के पैकिंग मानव स्वास्थ्य एवं पर्यावरण दोनों के लिए हानिकारक हैं। इनके सस्ते होने तथा नही टूटने के कारण विगत 10–15 वर्षों से इनका प्रयोग बहुत बढ़ा है। वैज्ञानिकों ने पुष्टि की है कि प्लास्टिक बोतलों में पाए जाने वाले एक महत्वपूर्ण घटक–थैलेट्स मानव स्वास्थ्य पर प्रतिकूल प्रभाव डालते हैं। इनके कारण हॉर्मोनों का रिसाव करने वाली ग्रंथियों का क्रियाकलाप असंतुलित हो जाता है। ऐसा शोध कार्य अमेरिका के ब्रीघम यंग विश्वविद्यालय के वैज्ञानिकों ने किया है। इस विश्वविद्यालय के वैज्ञानिकों ने लगभग ढाई हजार महिलाओं पर किए गए अध्ययन के दौरान पाया कि प्लास्टिक बोतलों की दवाओं के सेवन

करने से महिलाओं में थैलेट्स की मात्रा अधिक हो गई जो उनके शरीर में हार्मोनों के रिसाव में गतिरोध उत्पन्न करने लगा। उन्होंने इन महिलाओं में मधुमेह के लक्षण भी देखें। कुछ अध्ययनों मे थैलेट्स को कैंसर जैसे भयंकर रोग उत्पन्न करने में भी सहायक पाया गया।

2. वनस्पतियों पर प्रभाव : प्लास्टिक परोक्ष तथा अपरोक्ष रूप से वनस्पतियों पर घातक प्रभाव डालता है। जैसा कि विदित ही है प्लास्टिक जलने से उत्पन्न गैसों द्वारा पेड़–पौधों तथा फसलों को नुकसान पहुंचता है। इसकी उपस्थिति से पेड़–पौधों का प्राकृतिक विकास प्रभावित होता है तथा जैव विविधता मे कमी आती है। इतना ही नहीं पेड़–पौधों की विविध तरह की गतिविधियाँ (श्वसन, प्रकाश सश्लेषण, वृद्धि, वाष्पोत्सर्जन आदि) इसकी उपस्थिति के कारण बुरी तरह से प्रभावित होती है, क्योंकि इससे सम्पूर्ण वायुमंडल प्रदूषित हो जाता है। वनस्पतियों पर सबसे ज्यादा दुष्प्रभाव इसके खुली जमीन पर पड़े रहने से होता है। प्लास्टिक जितनी भूमि को ढ़कता है, उतनी भूमि का शेष अवयवों से सम्पर्क टूट जाता है। परिणामस्वरूप वायु, पानी, खनिज पदार्थों के साथ–साथ प्रकाश के सम्बन्ध विच्छेद हो जाने पर बीजों के अंकुरण के पहले ही उनका जीवन समाप्त हो जाता है। प्लास्टिक में विद्यमान एपॉक्सी रेजिन पौधों की पत्तियों की सतह पर जम जाता है, जिससे प्रकाश संश्लेषण की प्रक्रिया अवरुद्ध हो जाती है। इस कारण पौधों की वृद्धि प्रभावित होती है तथा पौधे रोगग्रस्त हो जाते है।

3. मृदा पर प्रभाव – प्लास्टिक से मिट्टी प्रदूषित होने के साथ अपनी गुणवत्ता भी खो देती है। प्लास्टिक मृदा की उर्वरा शक्ति को नष्ट कर देता है। प्लास्टिक मिश्रित मृदा का उपयोग किसी कार्य के लिए नहीं हो सकता है। असंतृप्त हाइड्रोकार्बन तथा पेट्रोरसायन से बने होने के कारण प्लास्टिक मृदा की रासायनिक संरचना में भी परिवर्तन कर देता है। मृदा की छिद्रता, जलग्रहण क्षमता तथा हाइड्रोजन आयन सान्द्रण में कमी आती है जिससे मृदा की सम्पूर्ण गुणवत्ता तथा सूक्ष्मजीवियों (नाइट्रोजन स्थिर करने वाले बैक्टीरिया आदि) की पारिस्थितिकी दुष्प्रभावित होती है।

4. जीव जंतुओं पर प्रभाव – मनुष्यों के अलावा जलीय जीवन में प्लास्टिक के दुष्प्रभाव बहुत भयानक होते हैं। जल में ऑक्सीजन की कमी तथा इसके द्वारा उत्पन्न होने बाली आविषालुता के कारण मछलियाँ तडप–तड़प कर मर जाती है। इसके अलावा अन्य जलीय जीवों, जैसे –

प्राथमिक माइक्रोप्लास्टिक

प्लास्टिक वेस्ट से बनी जर्सी पहने खिलाड़ी

आयरलैंड की सायनार कंपनी का प्लास्टिक कचरे से ईंधन बनाने का संयंत्र

तमिलनाडु में प्लास्टिक कचरे से बनी सड़क

अपशिष्ट प्लास्टिक से प्राप्ति

पन्नियों को चक्रित करके सड़क निर्माण

प्लास्टिक के स्थान पर कपड़े का थैले

प्लास्टिक का विकल्प

नो प्लास्टिक बैग्स

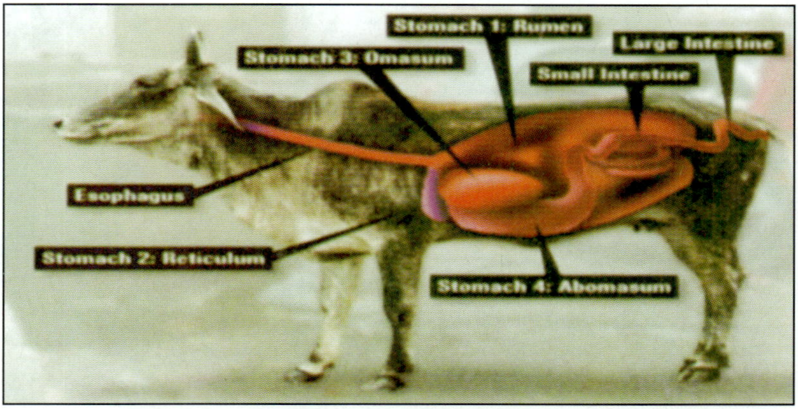

रोमंथी अथवा जुगाली करने वाले पशुओं का पाचन तंत्र

प्लास्टिक से भरा समुद्र का किनारा

समुद्री जल को प्रदूषित करता प्लास्टिक

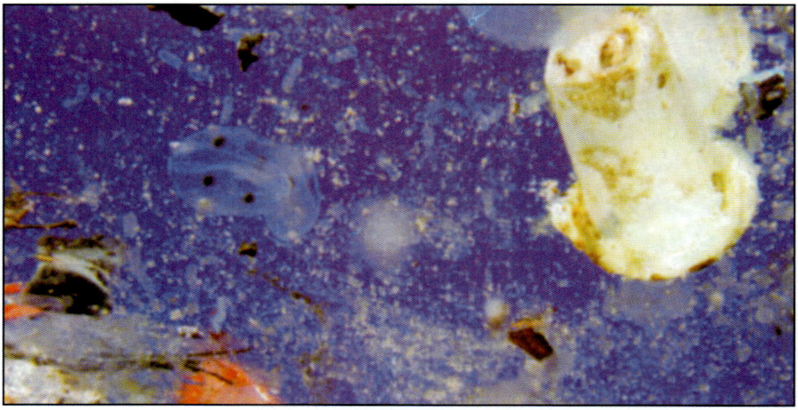

सागर जल में तैरता प्लास्टिक कचरा

प्लास्टिक कचरे के शिकार समुद्री जीव

उपभोग्य एवं अउपभोग्य कार्यों में बायोप्लास्टिक

पानी की बंद बोतलें भी सुरक्षित नहीं

प्लास्टिक कचरे से अटा नाला

पशु प्लास्टिक कचरा खाते हुए

प्लास्टिक से दुष्प्रभावित पशु

पॉलीथीन की थैलियों को खाद्य अवशेष के साथ खाते विभिन्न पशु

बिजली के तारों की विद्युत कुचालक प्लास्टिक कोटिंग

पी.वी.सी. खिलौने

पॉलीथीन बैग

दैनिक जीवन में प्लास्टिक से बने उत्पाद

प्लास्टिक कचरा

जलते प्लास्टिक से निकली गैस

जैव प्लास्टिक पेट्रोप्लास्टिक से उत्तम

प्लास्टिक की थैलियों व गिलास में चाय का सेवन हानिकारक

मछली, मगरमच्छ, घड़ियाल, प्रोटोजोआ, मोलस्क, केछुए, सर्प, मेंढक आदि की प्रजनन दर में कमी होने से जलीय जीवों का सम्पूर्ण पारिस्थितिक तंत्र दुष्प्रभावित हो जाता है। प्लास्टिक का दुष्प्रभाव सूक्ष्मजीवियों की दुनिया में भी देखने को मिलता है।

5. सफाई व्यवस्था पर प्रभाव–प्लास्टिक के कारण जल निकास की समस्या बहुत उग्र रूप धारण कर लेती है। शहरों में सीवर चोक की घटनाओं में से 70% से अधिक प्लास्टिक ही मुख्य कारण होता है। शहरों से निकलने वाले कूड़े–करकट में काफी पदार्थ तो अपने आप नष्ट हो जाते है। परन्तु प्लास्टिक किसी भी हालत में नष्ट नहीं होता है। दस वर्ष पूर्व हमारे देश में निकलने वाले कूड़े–करकट में प्लास्टिक की मात्रा 2.5 प्रतिशत थी, परन्तु अब इसकी मात्रा 30 से 40 प्रतिशत है। यह हम सबके लिए ही नहीं वरन् हमारे पर्यावरण एवं पशुओं के लिए भी बहुत खतरनाक सिद्ध होता है। यह देखा गया है कि वर्षा के मौसम में गंदे पानी के अनियंत्रित बहाव तथा रिसाव के कारण शहर की गलियां और घरों में पानी आ जाता है तथा कीटाणुओं और जीवाणुओं के आशातीत बढ़ने से विभिन्न संक्रामक रोग बढ़ जाते है। प्लास्टिक कचरे से अटे नाले को (चित्र–37) दर्शाया गया है।

चित्र–37. प्लास्टिक कचरे से अटा नाला

6. वायुमंडल पर प्रभाव – प्लास्टिक की संरचना में ऐसे तत्व विद्यमान होते हैं जो वायुमंडल के लिए हानिकारक होते हैं। प्लास्टिक का सड़ना–गलना संभव नहीं है और जैसा वर्णित किया जा चुका है इसको जलाने पर विषैली गैसे निकलती हैं, जो समूचे पर्यावरण को प्रदूषित करती है। ऐसा आंकलन किया गया है कि 50,000 पॉलीथीन बैग बनाने पर 17 कि.ग्रा. सल्फर डाइ ऑक्साइड, कार्बन मोनो ऑक्साइड, नाइट्रोजन के ऑक्साइड तथा हाइड्रोजन वायु में उत्सर्जित होते हैं। मजबूत प्लास्टिक के उत्पादन में अधिक मात्रा में ये गैसे उत्सर्जित होती हैं। एक आकलन के अनुसार हमारे देश में उत्पन्न होने वाले नगर निगम अपशिष्ट के प्रति 80 हजार टन में लगभग 50% भागीदारी प्लास्टिक की होती है। पॉलीस्टायरीन नामक प्लास्टिक को जलाने से क्लोरोफ्लोरो कार्बन उत्सर्जित होते हैं जो जीवन रक्षक ओजोन परत को नष्ट करते हैं। इस कारण कई देशों ने प्लास्टिक के जलाये जाने पर प्रतिबंध लगा दिया है।

7. सांस्कृतिक प्रभाव – प्लास्टिक ने हमारे नदी, नालों, तालाबों, पोखरों, झरनों, तथा झीलों को लीलने के पश्चात् अब करोड़ों वर्षों से चले आ रहे हमारे जीवन दर्शन के केन्द्र बिन्दु हिमालय को लीलना शुरू कर दिया है। हमारी जीवन शैली व चिंतन पर बढ़ते प्रभाव द्वारा भौतिकता ने आध्यात्मिकता को बहुत पीछे छोड़ दिया है जिसके कारण हम हजारों वर्षों से चली आ रही अपनी प्रकृति के साथ मित्रता वाली जीवन शैली को छोड़कर अपनी प्रकृति के साथ शत्रुता वाली जीवन शैली अपना रहे हैं। वर्तमान समय में प्लास्टिक निस्तारण की प्रक्रिया बहुत खर्चीली है और भारत जैसे विकासशील देश के लिए आर्थिक दृष्टि से उपादेयता भी कम है।

8. पशुओं पर प्रभाव – पॉलिथीन और प्लास्टिक की थैलियों का जल, जंगल और जीवन पर असर दिखाई दे रहा है। प्रायशः पशु सड़कों, गलियो और मौहल्लों में यत्र–तत्र फेंका हुआ कचरा, फल, सब्जियों तथा उनके छिलके आदि खाते हैं तो वे इनके साथ पॉलीथीन की थैलियां भी निगल लेते हैं (चित्र 38, 39, 40 अ एवं ब, 41)। इन थैलियों के पशु की जीभ के पिछले हिस्से तक पहुंच जाने की दशा में पशु इन्हें बाहर निकालने में असमर्थ हो जाता है। ऐसी स्थिति में पशु को ट्रामेटिक रेटिकुलाइटिस हो जाता है तथा पशु बुखार, उत्पादन में कमी, पेट में दर्द, धनुष की तरह की दर्दयुक्त कमर, कब्ज तथा बार–बार हल्के अफारे का शिकार होने जैसी समस्याओं से प्रायशः ग्रस्त होता रहता है।

चित्र–38. पशु प्लास्टिक कचरा खाते हुए

चित्र–39. प्लास्टिक से दुष्प्रभावित पशु

मनुष्य के उपभोग के पश्चात् पॉलीथीन थेले में शेष बचे खाद्य अवशेष समय बीतने के साथ सड़ते–गलते रहते हैं। जब इन सड़े–गले खाद्य पदार्थों को जानवर पॉलीथीन थैलियों के साथ जाने–अनजाने में निगल लेते हैं तो एक तो वे गंभीर विषाक्तता तथा पाचन तंत्र की विभिन्न समस्याओं जैसे दस्त, पेचिश तथा कृमि संक्रमण से ग्रस्त हो जाते हैं। दूसरी ओर पॉलिथीन थैलियों का कचरा उनके रेटिकुलम में उत्तरोतर एकत्रित होकर गंभीर अवरोध की स्थिति उत्पन्न कर देता है। इस दशा में हमारे पशुओं में अतितीव्र अफरा रोग की स्थिति उत्पन्न हो जाती है। तथा सड़े–गले खाद्य पदार्थों के विघटन के कारण अधिक मात्रा में उत्पन्न हुई गैस के कारण पशुओं के फेफडों, डायफ्रॉम तथा हृदय पर अधिक दबाब की स्थिति बन जाती है। फलतः निरीह पशु अत्यधिक पीडा, रुमेन में दबाव की स्थिति, श्वासावरोध तथा हृदयाघात के कारण असमय ही मृत्यु के शिकार हो जाते हैं।

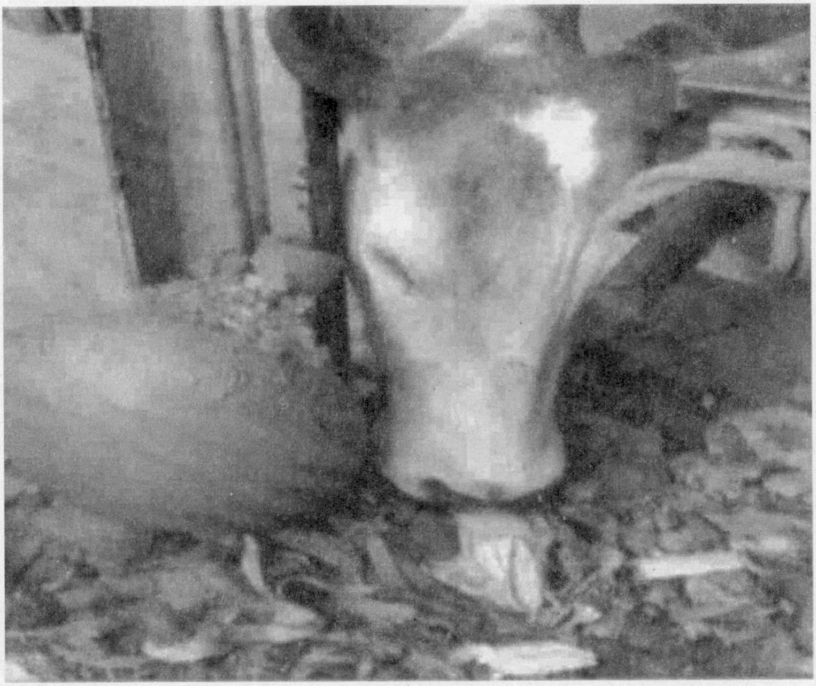

चित्र–40अ. प्लास्टिक खाते पशु

चित्र–40ब.

चित्र–41. पॉलीथीन की थैलियों को खाद्य अवशेष के साथ खाते विभिन्न पशु

जुगाली करने वाले पशुओं (Ruminant animals) के पाचन तंत्र (चित्र–42) में चार प्रमुख उपभाग क्रमशः रुमेन, रेटिकुलम तथा एबोमेसम होते हैं। इन उपभागों में से रुमेन आकार में सबसे बड़ा (वयस्क गाय में लगभग 200 लीटर क्षमता का) होता है। प्रायशः रुमेन में थोड़ी बहुत गैस बनती रहती है। परन्तु जब पॉलीथीन की थैलियाँ पशु की ग्रासनलिका (इसोफेगस) में फंस जाती हैं तो पशु के ग्रासनलिका का मार्ग अवरुद्ध हो जाने से पशुओं की पाचन प्रणाली में गंभीर रुकावट उत्पन्न हो जाती है। इस दशा में रोमंथी पशुओं के पाचन तंत्र के अंदर का दबाव 6–7 गुणा तक बढ़ जाता है, डायफ्राम एवं फेफड़ों पर अत्यधिक दबाव पड़ता है, उनकी श्वास गति तीव्र हो जाती है, फेफड़े संकुचित हो जाते हैं तथा शरीर के विभिन्न भागों में ऑक्सीजन की आपूर्ति कम हो जाती है। तत्काल समुचित उपचार न मिलने की दशा में बहुतेरे पशु असमय ही मर जाते हैं।

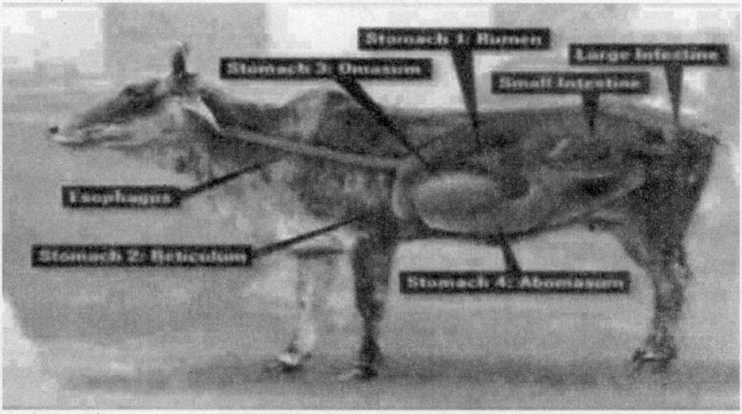

चित्र–42. रोमंथी अथवा जुगाली करने वाले पशुओं का पाचन तंत्र

यह भी देखा गया है कि पॉलिथीन में शेष बची हुई सड़ी–गली खाद्य सामग्री जुगाली करने वाले पशुओं के रुमेन में पहुंचने पर अत्यधिक मात्रा में विषैली गैसों तथा विषैले तत्वों यथा– कार्बन डाइ ऑक्साइड, हाइड्रोजन सल्फाइड, ऐमाइन्स (Amines) तथा ऐमाइड्स (Amides) के बनने में सहायक होती है। ये विषैली गैसें तथा विषैले तत्व अत्यधिक मात्रा में पशु के रक्त में पहुंच कर विषाक्तता उत्पन्न करके पशु की मृत्यु का कारण बन जाते हैं।

कुछ वर्ष पूर्व अहमदाबाद के जीव दया चैरिटेबल ट्रस्ट में उपचार के लिए लाई गई एक बीमार गाय के पेट से सौ किलोग्राम कचरा निकला, जिसमें अधिकांश हिस्सा पॉलिथीन की थैलियों का था। इसी प्रकार गुजरात के गिर के जंगल में एक शेर के पेट से भी पॉलिथीन की ऐसी ही थैलियां निकली थी। प्रायशः गायों के साथ तो ऐसे हादसों के समाचार पढ़ने–सुनने को मिलते ही रहते हैं।

प्लास्टिक से त्रस्त महासागर

मानव के विकास एवं आजीविका के लिए तथा विश्व की भौतिक उन्नति में महासागरों का अवदान अक्षुण्ण है। जैसा कि विदित है पृथ्वी का क्षेत्रफल 5100 लाख वर्ग किलोमीटर है, जिसमें महासागरों का क्षेत्रफल लगभग 3600 लाख वर्ग किलोमीटर तक है, अर्थात् पृथ्वी का लगभग 71 प्रतिशत भाग महासागरों में स्थित है। महासागर पृथ्वी की जलवायु को संतुलित रखने, भोजन और ऑक्सीजन प्रदान करने, जैव विविधता को बनाए रखने और परिवहन के क्षेत्र में महत्वपूर्ण भूमिका निभाते हैं। इनमें पृथ्वी का 97 प्रतिशत जल है। तथा लगभग तीन अरब लोग अपनी जीविका के लिए समुद्री और तटीय जैव विविधता पर आश्रित रहते हैं।

महासागर मानव जनित कार्बनडाइऑक्साइड का 30 प्रतिशत हिस्सा अवशोषित करते हैं और वैश्विक तापमान वृद्धि को रोकने में महत्वपूर्ण भूमिका निभाते हैं। एक आकलन के अनुसार विश्व के लगभग तीन अरब लोग अपनी प्रोटीन आवश्यकताओं की पूर्ति महासागरों से करते हैं। तथा विश्व के लगभग बीस करोड़ लोग अपनी आजीविका के लिए प्रत्यक्ष अथवा परोक्ष रूप से समुद्री मत्स्य पालन पर आश्रित रहते हैं।

यह भी विदित ही है कि प्राचीनकाल से समुद्र में हर प्रकार का कूड़ा–करकट डाला जाता रहा है। परन्तु पहले विशाल समुद्र में उनका प्रभाव नहीं पड़ता था, किन्तु अब स्थिति में परिवर्तन आ चुका है। अब कूड़ा–कचरा, अपशिष्ट की मात्रा तो बढ़ती ही जा रही है जो आसानी से प्रदूषण का कारण बनती है। विगत कुछ दशकों से एक विशेष प्रकार की समस्या बहुत कम समय में बहुत तेजी से सागरों एवं महासागरों में बढ़ी है, वह है प्लास्टिक द्वारा प्रदूषण की (चित्र 43 से 46)। जब कूड़ा–कचरा समुद्र में डाला जाता है तो उसके साथ प्लास्टिक भी वहां जाता है। उसके अतिरिक्त हवा के साथ उड़कर, नदियों के पानी के साथ भी

प्लास्टिक समुद्र में पहुँचता है। समुद्र से रोजगार प्राप्त करने वाले भी समुद्र की साफ–सफाई और पर्यावरण का ध्यान नहीं रखते हैं। मछली पकड़ने का जाल फट जाता है या बेकार हो जाता है तो उसे समुद्र में डाल देते हैं। ऐसा अनुमान है कि प्रतिवर्ष लगभग 3,00,000 डॉलफिन तथा शिशुंक की मृत्यु समुद्र में पड़े बेकार जाल में फंस कर हो जाती है।

चित्र–43. प्लास्टिक से भरा समुद्र का किनारा

चित्र–44. समुद्र तट पर फैला प्लास्टिक कचरा

चित्र–45. समुद्री जल को प्रदूषित करता प्लास्टिक

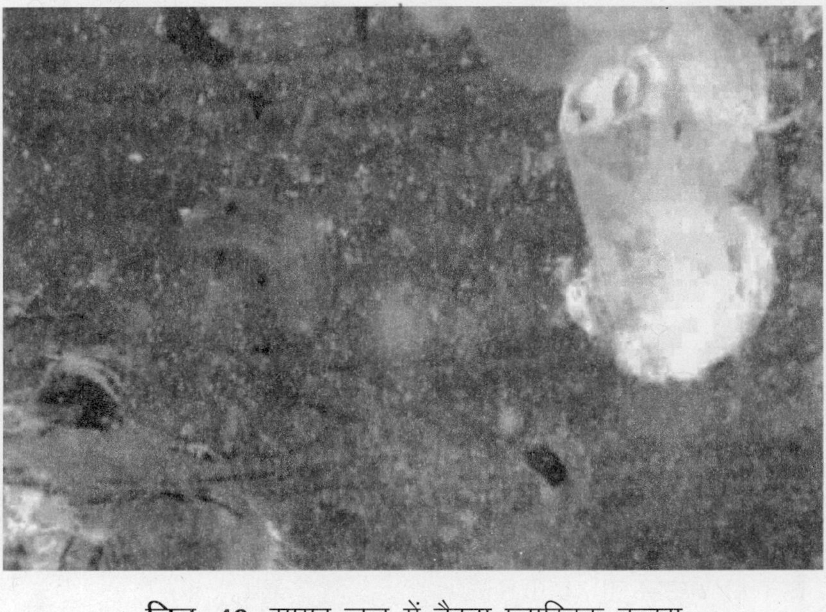

चित्र–46. सागर जल में तैरता प्लास्टिक कचरा

वर्ष 2010 तक लगभग 80 लाख मीट्रिक टन प्लास्टिक–कचरा महासागरों में मिल चुका था। उससे भी अधिक मात्रा में प्लास्टिक वायु के साथ नदी, नालों के द्वारा वहाँ पहुँचता है। वैज्ञानिकों का अनुमान है कि पाँच लाख करोड़ प्लास्टिक की अलग–अलग प्रकार की सामग्री महासागरों में पानी के ऊपर तैरती हुई कभी भी पाई जा सकती है। उनके कारण पहले तटीय क्षेत्र और फिर समुद्र के अन्य क्षेत्र प्रभावित होते हैं। उनकी उपस्थिति के कारण समुद्र तट तथा समुद्रों की सुंदरता तो समाप्त होती ही है, समुद्री जीव भी कुप्रभावित होते हैं तथा अंत में पूरा समुद्री पारितंत्र भी प्रभावित होता है। समुद्री जंतुओं के मरने के समाचार निरंतर मिलते रहते हैं (चित्र–47)।

चित्र–47. प्लास्टिक कचरे के शिकार समुद्री जीव

प्लास्टिक के कारण ही हाल ही में स्पेन में एक ह्वेल मिला है जिसके पेट में 29 किलोग्राम प्लास्टिक था। बहुत सारे पक्षियों के मरने के पश्चात् उनके पेट से भी प्लास्टिक निकाला गया हैं, वनस्पतियों को भी नुकसान होता है विशेषकर मूंगा आसानी से प्रभावित होता है। और मर भी जाता है। मूंगों के मरने के कारण तटीय क्षेत्र को बहुत नुकसान होता है। एक तरफ अनेक प्रकार की मछलियों तथा दूसरे जीवों का प्रवास समाप्त हो जाता है तो, दूसरी ओर तटीय क्षेत्र के संरक्षण का साधन भी समाप्त हो जाता है।

एक अध्ययन के अनुसार सन् 2050 तक आर्कटिक महासागर में मछलियाँ कम और प्लास्टिक की मात्रा अधिक होगी। विभिन्न धाराओं से आने वाले छोटे–बड़े टुकड़े इस महासागर में लगातार जमा होते जा रहे हैं। आर्कटिक के बहते जल में लगभग 100 से 1,200 टन प्लास्टिक कचरे की संभावना हो सकती है। सबसे अधिक प्लास्टिक ग्रीनलैण्ड के पास समुद्र में पाया गया है। प्लास्टिक के टुकड़े मछलियों के शरीर में भी पाए गए हैं। वैज्ञानिकों को चिन्ता है कि विश्व का सबसे बड़ा प्रशान्त महासागर शीघ्र ही प्लास्टिक महासागर में परिवर्तित हो सकता है। इसकी तलछटी में प्लास्टिक कचरे का ढेर जमा होता जा रहा है जिससे कई समुद्री जीवों के आवास के लिए खतरा उत्पन्न हो गया है। यही हाल दूसरे महासागरों का भी है, जहाँ मानवीय हस्तक्षेप बढ़ा है, वहाँ के प्राकृतिक जीवों पर खतरा भी मंडराने लगा है।

अमेरिकी वैज्ञानिकों ने चेतावनी दी है कि प्रशांत महासागर में प्लास्टिक का समुद्री कचराघर तैयार हो गया है। इस समुद्री कचराघर को सन् 1997 में लास एंजिलिस से हवाई तक हुई नौका दौड़ के दौरान खोजा गया था। यह समुद्री कचराघर वस्तुतः दो परस्पर जुड़े क्षेत्र हैं, जो हवाई द्वीप के दोनों और स्थित है। ये पूर्वी व पश्चिमी प्रशांत कूड़ा पट्टी के रूप में जाने जाते हैं।

संयुक्त राष्ट्र पर्यावरण के अनुसार प्लास्टिक कचरे से प्रतिवर्ष दस लाख से अधिक समुद्री जीवों की मृत्यु होती हैं। मृत पाए जाने वाले समुद्री जीवों के पेट में सिगरेट लाइटर और टूथब्रश भी पाए गए, क्योंकि समुद्र में डाले जाने वाले प्लास्टिक के इन अपशिष्ट पदार्थों को समुद्री जीव गलती से भोजन समझकर खा जाते हैं। वस्तुतः महासागरों में कचरे के लिए एक मात्र मानवीय क्रियाकलाप ही जिम्मेदार है।

महासागरों में हो रहे प्लास्टिक के कचरों के संबंध में कनाडा सरकार ने बहुत समय पहले से ही चेतावनी देने का प्रयास किया था। सन् 1992 में आयोजित पृथ्वी शिखर सम्मेलन में कनाडा सरकार ने विश्व स्तर पर महासागर दिवस के आयोजन का प्रस्ताव रखा जिसको अंततोगत्वा स्वीकार किया गया तथा संयुक्त राष्ट्र संघ की आमसभा में निर्णय लिया गया कि प्रतिवर्ष 8 जून को 'विश्व महासागर दिवस' के रूप में मनाया जाए तथा प्रत्येक वर्ष किसी विशेष विषय का विश्व–स्तर पर चयन किया जाए ताकि लोगों को जागरूक किया जा सके। वर्ष 2018 में प्लास्टिक प्रदूषण को वरीयता दी गई तथा विषय भी "प्रिवेंटिंग प्लास्टिक

पल्यूशन एनकरेजिंग सल्यूशन फॉर ए हैल्थी ओशन रखा गया। समूची पृथ्वी को प्लास्टिक के कारण हो रही हानि को बचाने हेतु वर्ष 2018 में विश्व पर्यावरण दिवस (5 जून) का विषय भी 'बीट प्लास्टिक पल्यूशन अर्थात् विश्वस्तर पर प्लास्टिक से होने वाले प्रदूषण के विरुद्ध संग्राम आवश्यक है। ऐसी विषम परिस्थिति में यदि हम महासागरों और पर्यावरण के दूसरे घटकों को स्वस्थ एवं संरक्षित रखना चाहते हैं तो हमें आवश्यक कदम उठाने होंगे। इसमें सरकार व प्रशासन के साथ जन सहभागिता की महती भूमिका नितांत आवश्यक है।

सूक्ष्म प्लास्टिक या माइक्रो प्लास्टिक प्रदूषण

विगत पांच वर्षों में प्लास्टिक प्रदूषण में निरंतर हो रही वृद्धि के कारण इस क्षेत्र में नवीनतम अनुसंधान कार्य हो रहे है जिसके फलस्वरूप विश्व भर में नलों में बहने वाले पानी में तथा मानव मल तक सूक्ष्म प्लास्टिक (माइक्रोप्लास्टिक) की उपस्थिति देखी जा चुकी है। अमेरिकी जल नमूनों में यह मात्रा सर्वाधिक 94 प्रतिशत से अधिक तथा लेबनान में लगभग 94 प्रतिशत तक पाई गई। हमारे देश में दिल्ली से प्राप्त जल के 82.4 प्रतिशत नमूने सूक्ष्म प्लास्टिक से संदूषित पाए गए। जर्मनी एवं फ्रांस जैसे यूरोपीय देशों के जल नमूने अपेक्षाकृत सूक्ष्म प्लास्टिक से कम संदूषित पाए गए। वर्ल्ड रिसोर्सेज इंस्टिट्यूट के आंकडों के अनुसार तेरह करोड़ से अधिक भारतीय ऐसे क्षेत्रों में निवास करते हैं जहाँ भू जल संदूषित है। भूमि तथा जल में विद्यमान प्लास्टिक के कचरे के कारण नलों से हमारे घरों में पहुंचने वाले पानी में सूक्ष्म प्लास्टिक की उपस्थिति की संभावना बहुत प्रबल हो जाती है।

भारत में सितम्बर 2018 में भारतीय प्रौद्योगिकी संस्थान (आई आई टी) बम्बई के वैज्ञानिकों द्वारा किए गए एक शोध में देश भर में उपयोग किए जाने वाले नमक में माइक्रोप्लास्टिक के पाए जाने का समाचार प्रकाशित हुआ था। इससे सभी देशवासी चिंतित हुए, क्योंकि नमक सामान्य तथा विशिष्ट प्रत्येक व्यक्ति के भोजन का आधार अवयव है। इनवायर्नमेंटल साइंस एंड पल्यूशन रिसर्च जर्नल में प्रकाशित प्रो. अमृतांशु श्रीवास्तव और चंदन कृष्ण सेठ के संयुक्त शोधपत्र "कटैमिनेशन ऑफ इंडियन सी सॉल्ट्स विद् माइक्रोप्लास्टिक्स एंड अ पोटेंशल प्रिवेंशन स्ट्रेटजी" में सारांश के तौर पर एक किलोग्राम नमक में 63.76 माइक्रोग्राम माइक्रोप्लास्टिक की उपस्थिति पाई गई। शोध के दौरान प्रयुक्त नमूनों में

सूक्ष्म प्लास्टिक के 628 कण मिले थे, जिनमें से 63 प्रतिशत कण छोटे–छोटे टुकडों में थे, जबकि 37 प्रतिशत फाइबर के रूप में पाए गए थे।

माइक्रोप्लास्टिक क्या है?

वस्तुतः माइक्रोप्लास्टिक को कही–कही माइक्रोबीडस के नाम से भी कहा जाता है प्लास्टिक के ऐसे अतिसूक्ष्म अंश या रेशे होते हैं जिनको नग्न आंखों से नहीं देखा जा सकता है। सामान्य भाषा में यदि समझा जाए तो प्रायशः हम फेसवॉश और स्क्रब्स जैसे दूसरे कई सौन्दर्य प्रसाधनों का उपयोग करते समय छोटे–छोटे प्लास्टिक के दाने जैसे खुरदुरे कणों का हथेलियों में रगड़ अनुभव करते हैं, वही सचमुच में माइक्रोबीड्स हैं। वस्तुतः रसायनविज्ञान में माइक्रोप्लास्टिक शब्द का सबसे पहले वर्ष 2004 में ब्रिटेन की यूनिवर्सिटी ऑफ प्लायमाउथ के वैज्ञानिक थॉमसन ने किया था। डॉ. थॉमसन ने अपने शोध पत्र में समुद्री जल के नमूनों में 20 मिलीमीटर व्यास के अतिसूक्ष्म प्लास्टिक टुकडों को प्रेक्षित किया। उन्होंने समुद्री माइक्रोप्लास्टिक को वैश्विक पारिस्थितिक तंत्र के लिए एक नई पर्यावरणीय समस्या के रूप में उजागर किया। करेंट ओपिनियन इन इनवार्यनमेंटल साइंस एंड हेल्थ नामक जर्नल में वर्ष 2018 में प्रकाशित एक शोध पत्र के अनुसार सन् 2004 के पश्चात् अब तक विश्व भर के 2100 से अधिक शोधकर्ताओं के सूक्ष्म या माइक्रोप्लास्टिक पर लगभग 600 शोधपत्र प्रकाशित हो चुके हैं। इनके आधार पर माइक्रोप्लास्टिक की परिभाषा तय की गई है इसके अनुसार 0. 1 मिलीमीटर से 5 मिलीमीटर तक व्यास के कणों वाले प्लास्टिक को माइक्रोप्लास्टिक या सूक्ष्म प्लास्टिक की श्रेणी में रखा गया है। तथा इनको उनके कणों के आकार के अनुसार दो भागों यथा – वृहत् माइक्रोप्लास्टिक (1–5 मिलीमीटर) और लघु माइक्रोप्लास्टिक (0.1 – 1 मिलीमीटर) में वर्गीकृत किया गया है।

माइक्रोप्लास्टिक को उनकी उत्पति के स्रोतों के आधार पर भी दो भागों यथा– प्राथमिक और द्वितियक माइक्रोप्लास्टिक में (चित्र–48 व 49) विभक्त किया गया है।

चित्र–48. प्राथमिक माइक्रोप्लास्टिक

चित्र–49. द्वितीयक माइक्रोप्लास्टिक

वस्तुतः प्राथमिक माइक्रोप्लास्टिक वे है, जिनको मानव उपयोग के लिए औद्योगिक रूप से उत्पादित किया जाता है, जैसे कई प्रकार की सौंदर्य प्रसाधन सामग्री टूथपेस्ट आदि के निर्माण में यह माइक्रोबीडस के रूप में उपयोग किया जाता है। इसी प्रकार माइक्रोप्लास्टिक रेशों का उपयोग खेलों की विभिन्न पोशाकों को तैयार करने वाले उद्योग भी करते हैं। इसी प्रकार बड़े–बड़े प्लास्टिक बैग, प्लास्टिक की बोतलें मछली पकड़ने का जाल या स्टायरोफोम उत्पादों आदि के छोटे–छोटे टुकड़ों में टूटने के परिणामस्वरूप बनने वाले सूक्ष्म प्लास्टिक कणों को द्वितीयक माइक्रोप्लास्टिक (चित्र–50) कहा जाता है। माइक्रोप्लास्टिक को 1–100 नैनोमीटर कणों वाले नैनो प्लास्टिक के रूप में छोटे से छोटे कणों में भी तोड़ा जा सकता है (चित्र–50)।

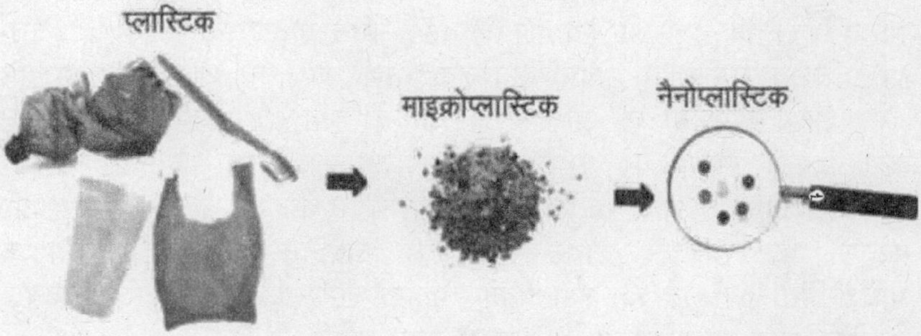

चित्र–50. प्लास्टिक का माइक्रो एवं नैनोप्लास्टिक में टूटना

वैज्ञानिकों ने मॉडलिंग टूल का उपयोग करके अनुमान लगाया है कि महासागरों में कुल 150–510 खरब (15–51 ट्रिलियन) माइक्रोप्लास्टिक कण जमा हो चुके हैं। इसमें प्रशांत महासागर में द्वितीयक माइक्रोप्लास्टिक की अधिकता देखी गई हैं।

यह देखा गया है कि टायर, कपड़ा, पेंट, सौंदर्य प्रसाधन, अपमार्जक (डिटरजेंट) आदि के उत्पादन के लिए प्राथमिक माइक्रोप्लास्टिक कच्चे माल के रूप में बनाए जाते हैं। और द्वितीयक माइक्रोप्लास्टिक के मुख्य स्रोत बड़े प्लास्टिक वस्त्र और अन्य सामग्रियों के निर्माण में प्रयुक्त प्लास्टिक, तटीय पर्यटन, शिपिंग और बाढ़ जैसी प्राकृतिक आपदाएं होती हैं। पर्यावरण में इन दोनों प्रकार के माइक्रोप्लास्टिक की उपस्थिति का निर्धारण जलनिकायों में पादप प्लवकों (फाइटोप्लैकटन्स) प्राणिप्लवकों (जू प्लैकटन्स) और तलछटों के नमूनों का विश्लेषण एवं कशेरुकी और

अकशेरुकी जीवों द्वारा सूक्ष्मप्लास्टिक के उपभोग के पश्चात् उनके व्यवहार में आए परिवर्तनों के आधार पर किया जाता है। सम्पूर्ण विश्व में अपशिष्ट जल उपचार संयंत्र और ठोस अपशिष्ट उपचार संयंत्र जैसी अपशिष्ट उपचार फिल्टरन प्रणालियों से माइक्रोप्लास्टिक के कण अपने अतिसूक्ष्म आकार के कारण सुगमता से फिल्टर हो जाते है। अंततोगत्वा वे जल निकायों में पहुंच जाते हैं और अपनी गैर जैव निम्नीकरण प्रवृत्ति के कारण प्रवेश के उपरान्त जल में संचित होने लगते हैं।

वर्ष 2017 में अमेरिका की यूनिवर्सिटी ऑफ मिनिसोटा और स्टेट यूनिवर्सिटी ऑफ न्यूयॉर्क के वैज्ञानिकों ने विश्व में पहली बार पेयजल में सूक्ष्मप्लास्टिक के कणों की उपस्थिति के बारे में आश्चर्यजनक जानकारी प्रदान कर सचेत किया। इस शोध कार्य में यूरोपीय और अमेरिकी देशों के अतिरिक्त यूगांडा, भारत, जकार्ता, लेबनॉन, इक्काडोर सहित कुल 14 देशों से पेयजल के 159 नमूने एकत्र किए गए थे, जिनमें 83 प्रतिशत नमूनों में माइक्रोप्लास्टिक कण पाए गए थे। इसके पश्चात् अन्य शोध परिणामों के आधार पर विदित हुआ कि माइक्रोप्लास्टिक के कण अपनी सतह पर समुद्र तटों और आस–पास के वातावरण में उपस्थित विषाक्त भारी धातुओं जैसे, कैडमियम, जिंक, लेड, क्रोमियम और मरकरी और डीडीटी, टायलोसिन जैसे कार्बनिक प्रदूषक रसायनों को अधिशोषित कर लेते हैं। इस प्रकार माइक्रोप्लास्टिक इन विषाक्त प्रदूषकों के स्रोत और वाहक दोनों ही रूप में काम करते हैं।

चित्र–51. मछलियों में माइक्रोप्लास्टिक का संचयन

महत्वपूर्ण नवीन शोध कार्य

हमारे देश के गोवा विश्वविद्यालय के सूक्ष्मजीव विज्ञानी डॉ. मिलिंद नायक के "एल्सवियर के कीमोस्फियर जर्नल" में 2018 में प्रकाशित शोधपत्र के अनुसार पर्यावरण में बढ़ रहे माइक्रोप्लास्टिक जैसे प्रदूषकों की सहायता से टायफाइड, निमोनिया आदि फैलाने वाले रोगजनक बैक्टीरिया अपने ऐंटीबायोटिक प्रतिरोधी जीन के साथ–साथ भारी धातु और माइक्रोप्लास्टिक विरोधी जीनों वाले प्लास्मिड्स, ट्रांसपोजन्स और इंटीग्रस जैसे आनुवांशिक तत्वों के साथ मिलकर एक प्रकार का सह–चयन तंत्र विकसित कर रहे हैं। इस कारण बहु ऐंटिबायोटिक प्रतिरोधी रोगजनकों में वृद्धि हो रही है। वैज्ञानिकों को चिन्ता है कि आगामी समय में माइक्रोप्लास्टिक के कारण पर्यावरण एवं मानव स्वास्थ्य में खतरा उत्पन्न हो जायेगा। एल्सवियर के ही एक अन्य जर्नल "मैरीन इनवार्यनमेंटल रिसर्च" में वर्ष 2016 में प्रकाशित एक अन्य शोधपत्र में जर्मन वैज्ञानिकों ने वाइब्रियो नामक मानव रोगजनक को एक ऐसे खतरनाक सहयोगी के तौर पर प्रतिवेदित किया है जो समुद्री पर्यावरण में माइक्रोप्लास्टिक को फैलाने के लिए संभावित वाहक का कार्य कर सकता है।

माइक्रोप्लास्टिक के कारण जलीय पारितंत्र में मछलियों (चित्र–49) सहित सभी समुद्री जीवों में जैव संचयन हो रहा है, वहीं दूसरी ओर माइक्रोप्लास्टिक कण मिट्टी और वायु में भी मिल रहे हैं। सभी तरह के पारिस्थितिकी तंत्र में उपस्थित माइक्रोप्लास्टिक परोक्ष – अपरोक्ष रूप से विभिन्न पोषक स्तरों से होते हुए खाद्य श्रृंखला में पहुंच रहे हैं। जब मनुष्य इन मछलियों तथा अन्य सी–फूड को खाते हैं और प्रदूषित वायु में सांस लेते हैं, तब माइक्रोप्लास्टिक मानव शरीर के अंदर भी पहुंच जाते हैं।

हाल ही में ऑस्ट्रियन इनवायर्नमेंट एजेंसी और यूनिवर्सिटी ऑफ विएना के वैज्ञानिकों ने प्रथम बार मानव मल में माइक्रोप्लास्टिक कणों की उपस्थिति का पता लगाया है। इस विलक्षण शोध कार्य में वैज्ञानिकों ने विश्व के आठ देशों यथा – फिनलेंड, इटली, जापान, नीदरलैंड, पोलैंड, रुस, ब्रिटेन और ऑस्ट्रिया के लोगों के मल नमूनों को एकत्र किया था। वैज्ञानिकों ने अध्ययन के दौरान सभी नमूनों में अलग–अलग विभिन्न नौ प्रकार के माइक्रोप्लास्टिक ज्ञात किए। साथ ही प्रति दस ग्राम मानव मल में औसतन 20 माइक्रोप्लास्टिक कण पाए गए। वैज्ञानिक अब निरंतर

प्रयास कर रहे हैं कि ये माइक्रोप्लास्टिक कण इन लोगों के शरीर में कैसे पहुंचे और सूक्ष्मप्लास्टिक की कितनी मात्रा धमनियों द्वारा शरीर के विभिन्न अंगों, जैसे – यकृत आदि तक पहुंची।

वस्तुतः मनुष्यों पर माइक्रोप्लास्टिक से संबंधित यह पहला महत्वपूर्ण शोध कार्य था। यद्यपि इसके पहले समुद्रीजीवों पर माइक्रोप्लास्टिक आविषालुता के पड़ने वाले प्रभाव पर कई शोध कार्य हो चुके हैं। इसी संदर्भ में फरवरी 2018 में ऑस्ट्रेलिया की मर्डोक यूनिवर्सिटी और इटली की सिएना यूनिवर्सिटी के वैज्ञानिकों का एक शोध पत्र "ट्रेंडस इन इकोलोजी एंड इवोल्यूशन जर्नल" में प्रकाशित हुआ था। इस शोध अध्ययन में वैज्ञानिकों ने विशेष रूप से बंगाल की खाडी, भूमध्य सागर और मैक्सिको की खाड़ी में सर्वाधिक माइक्रोप्लास्टिक प्रदूषण पाया है। इतना ही नहीं कैलिफोर्निया की खाड़ी और भूमध्यसागर में ह्वेल, शार्क, आदि बड़े समुद्री जीवों की जैविक प्रक्रियाएं जैसे – वृद्धि, प्रजनन प्रक्रिया प्रजनन क्षमता आदि पर भी माइक्रोप्लास्टिक कणों के आविषालु प्रभाव देखे जा चुके हैं। वैज्ञानिकों के अनुसार महासागरों में पहुंच रहे माइक्रोप्लास्टिक कणों में विषैले रसायन होते हैं, जो खाद्य श्रृंखला के माध्यम से इन जीवों के पेट में एकत्रित होते रहते है और उनकी जैविक प्रक्रियाओं को परिवर्तित कर देते हैं।

अतः उपर्युक्त उच्चस्तरीय शोध परिणामों से स्पष्ट विदित होता है कि सूक्ष्म या माइक्रोप्लास्टिक से प्रदूषित समुद्री मछलियों के सेवन से मानव समुदाय के स्वास्थ्य को गंभीर खतरा है। परन्तु इसके लिए जिम्मेदार भी हम मनुष्य ही है। अमेरिका के एरिजोना स्टेट यूनिवर्सिटी के वैज्ञानिकों ने अपने देशवासियों द्वारा आँखों में उपयोग किए जा रहे काण्टैक्ट लैंस के निरंतर उपयोग तथा इनके अनुपयोगी होने पर समुद्र में बहाने से भी महासागरों में माइक्रोप्लास्टिक प्रदूषण का एक कारण माना है।

माइक्रोप्लास्टिक प्रदूषण की गंभीरता को दृष्टिगत रखते हुए विगत कुछ वर्षों में कनाडा, ऑस्ट्रेलिया, ब्रिटेन, फ्रांस और न्यूजीलैंड सहित अनेक देशों ने माइक्रोबीड्स उत्पादन पर प्रतिबंध लगाए हैं। सन् 2016 में अमेरिका ने सौन्दर्य प्रसाधन बनाने वाले उद्योगों के लिए एक कानून बनाकर सभी तरह के सौन्दर्य प्रसाधनों में माइक्रोबीड्स के प्रयोग पर प्रतिबंध लगाया है।

कनाडा के आर्कटिक महासागर अन्वेषी पैन हेडो के अनुसार उन्होंने बर्फ के उपर पॉलिस्टीरीन के पिंड देखे हैं, इसी प्रकार एक्सेटर यूनिवर्सिटी के समुद्री जीवविज्ञानी टिम गार्डन के नेतृत्व में आर्कटिक महासागर की यात्रा पर गए ब्रिटिश, अमेरिकी, नार्वे और हांगकांग के वैज्ञानिकों के दल ने भी आर्कटिक क्षेत्र में व्याप्त प्लास्टिक प्रदूषण को वहां प्रेक्षित किया। इंग्लैण्ड में स्थित यूनिवर्सिटी ऑफ हल और ब्रिटिश अंटार्कटिक सर्वे के वैज्ञानिकों ने भी अपनी हाल ही के प्रेक्षण में बताया कि अंटार्कर्टिक महासागर में प्लास्टिक प्रदूषण अनुमान से कई गुना बढ़ चुका है जिससे वहां के समस्त जीव दुष्प्रभावित हो चुके हैं।

इस समस्या के निदान हेतु वैज्ञानिक कुछ ऐसे विकल्प को खोजने में प्रयासरत हैं, जिसमें प्राकृतिक रूप से नष्ट होने वाले और उच्च गुणवत्ता वाले नवीकरणीय प्लास्टिक का निर्माण किया जा सके। इस दिशा में कोलोराडो स्टेट यूनिवर्सिटी के वैज्ञानिकों ने कुछ सफलता प्राप्त की है।

प्लास्टिक के प्रयोग बंद न होने के कारण

वस्तुतः हम अपने दैनिक क्रियाकलापों में प्लास्टिक का उपयोग इतने क्षेत्रों में करते हैं कि इसके प्रति हमारा दृष्टिकोण सा विकसित हो गया है कि इसके बिना हमारा काम नहीं चल सकता है। परन्तु वास्तविकता यह है कि इसके बिना भी हमारा काम चल सकता है ठीक उसी तरह जैसे इसके उपयोग शुरू होने के पहले चलता था। आज प्लास्टिक की समस्या हमारे सामने इतने विकराल रूप में विद्यमान है तथा इसका प्रमुख कारण हमारा इसके प्रति पूरी तरह निर्भर हो जाना है।

यह प्रेक्षित किया गया है कि प्लास्टिक की आड़ में पूंजीपतियों, उद्योगपतियों एवं व्यापारियों ने एक ऐसा ताना–बाना बुन रखा है, जिसमें आम लोगों का रुझान अधिक से अधिक हो सके। यदि हम बाजार की वस्तुओं का अवलोकन करें तो पाएंगे कि प्लास्टिक की रंग बिंरगी पैकिंग में रखी वस्तुओं का वास्तविक मूल्य से 10–100 प्रतिशत अधिक देकर लोग उन्हें ले जाते है। अंतर वस्तु की गुणवत्ता में नहीं वरन् पैकिंग की गुणवत्ता में होता है जिसका भुगतान उपभोक्ताओं को करना पड़ता है। अतः जब प्लास्टिक का उपयोग बंद हो जायेगा तो उपभोक्ता वर्ग का स्वविवेक जागृत हो जायेगा जिससे वह सही या गलत की पहचान करने में सक्षम होगा और प्लास्टिक उद्योग भी प्रभावित होगा।

प्लास्टिक प्रदूषण का समाधान

वैज्ञानिकों ने अपनी निरंतर शोध के आधार पर प्लास्टिक प्रदूषण से हो रही विविध समस्याओं से निजात पाने हेतु सूक्ष्मजीवों एवं पादपों की सहायता से जैव आधारित (बायोबेस्ड) या जैव प्लास्टिक (बायो प्लास्टिक) बनाने में सफलता प्राप्त कर ली है। जैव भार या बायोमास तथा पादपों से प्राप्त पॉलिएस्टरों से बना प्लास्टिक जैवनिम्नीकृत होता है, अर्थात् ये प्लास्टिक सूक्ष्मजैविक क्रिया द्वारा उचित समय के पश्चात् अपघटित होकर प्राकृतिक अन्य उत्पादों, जैसे – जल और कार्बन डाइ ऑक्साइड में बदल जाते हैं।

पर्यावरण स्नेही प्लास्टिक

अमेरिकी वैज्ञानिकों ने ऐसे प्लास्टिक की खोज कर ली है जो जैव निम्नीकृत (Bio-degradable) होने के कारण पर्यावरण का मित्र होगा। इस प्लास्टिक का निर्माण बचे–खुचे खाद्य पदार्थों से किया गया है। इसके बहुआयामी परिणाम होंगे। एक ओर इससे प्लास्टिक के कारण उत्पन्न पर्यावरण प्रदूषण की समस्या से निजात मिलेगी, तो दूसरी ओर बचे खाद्य पदार्थों का सदुपयोग भी संभव होगा।

यह खोज उन देशों के लिये विशेषकर वरदान साबित होगी जहाँ खाद्य पदार्थों की प्रचुरता ही एक समस्या है। और जिन्हें प्रतिवर्ष लाखों–करोड़ों टन खाद्य पदार्थ फेंकने पड़ते हैं। अकेले अमेरिका में ही प्रतिवर्ष 22 लाख टन खाद्य पदार्थ फेंके जाते हैं इस कचरे से न केवल सडांध वरन् मीथेन गैस बनती है जो वायुमण्डल को बुरी तरह प्रभावित करती है। वैज्ञानिकों ने बचे–खुचे खाद्य पदार्थों के घोल से ऐसा पॉलिमर विकसित करने में सफलता अर्जित की है जिससे प्लास्टिक बनाया जा सकता है। तथा फिर इस प्लास्टिक से स्वतः नष्ट हो सकने वाली पैकेजिंग, बोतलें यहाँ तक कि दवाओं की गोलियाँ भी बनाई जा सकेगी, जो धीरे–धीरे घुलकर शरीर में दवा को छोड़ देगी।

यह क्रान्तिकारी खोज बायोकेमिकल इंजीनियर जिआन यू और होनोलूलू के हवाई नेचुरल एनर्जी इंस्टीट्यूट के उनके अन्य साथी वैज्ञानिकों ने की है। हवाई के वैज्ञानिकों ने जो पॉलिमर विकसित किया है उसका निर्माण तुलनात्मक रूप से बहुत ही सस्ता है।

डॉ. यू एवं उनके साथी वैज्ञानिकों ने बहुत सारा बचा हुआ खाना एकत्रित किया और उसमें पानी मिलाकर एक गंदा सा विलयन तैयार किया। इस घोल को उन्होंने एक वायुरोधी पात्र में रख दिया। कुछ सप्ताहों के बाद इस घोल में बहुत सारे बैक्टीरिया पनप चुके थे। ये बैक्टीरिया खाद्य पदार्थों के जैव अणुओं को तोड़ देते हैं जिससे कुछ अम्ल उपोत्पाद की तरह उत्पन्न होते हैं। इनमें सामान्यतः लैक्टिक और ब्यूट्राइक अम्ल बनते हैं। इसके बाद वैज्ञानिकों ने इस घोल को एक दूसरे पात्र में लटके एक बैग में पंप कर दिया और पहले पात्र में खाद्य पदार्थों का ताजा विलयन भर दिया। दूसरे पात्र मे फॉस्फेट और सल्फेट का एक पोषक तत्वों का घोल पहले से ही विद्यमान था। वैज्ञानिकों ने पाया कि रबर के बैग का उपयोग करने पर जैव निम्नीकृत 'पीएचबी' पॉलिमर प्राप्त होता है तथा पॉलिएस्टर बैग का प्रयोग करने पर अधिक मजबूत जैव निम्नीकृत पॉलिमर 'पीएचबीवी' प्राप्त होता है। इस विधि से वैज्ञानिकों ने खाद्य पदार्थों के 100 किलो घोल से 22 से 25 किलो तक जैव निम्नीकृत पॉलिमर प्राप्त किया है।

क्या है बायो प्लास्टिक?

वस्तुतः बायोप्लास्टिक वह प्लास्टिक है जिसमें संपूर्ण कार्बन अंश पुनर्नवीकरणीय स्रोत से प्राप्त किऐ जाते हैं। जैव आधारित प्लास्टिक में पुनर्नवीकरणीय और जीवाश्मी ईंधन आधारित दोनों ही प्रकार के कार्बन होते हैं। ये जैव अपघटनीय हो भी सकते है और न भी हो सकते है। इससे पर्यावरण पर कोई प्रतिकूल प्रभाव नहीं पड़ता है। बायोप्लास्टिक को हरित औद्योगिक विकास में एक नयी लहर के रूप में पहचाना गया है। तथा इसे प्राकृतिक और नवीकरणीय, खाद्य उत्पाद जैसे – वनस्पति तेल, वसा, मक्का, स्टार्च मटर और सूक्ष्मउत्पादों से प्राप्त किया जा सकता है। कुछ विशिष्ट तकनीकों के माध्यम से इन खाद्य उत्पादों को थर्मोप्लास्टिक, पॉलीलैक्टिक अम्ल, पॉलीहाइड्रॉक्सी ब्यूटाइरेट, पॉलीअमाइड और बायोपॉलीइथिलीन में परिवर्तित किया जा सकता है। विभिन्न तरीकों से प्राप्त किऐ गए बायोप्लास्टिक के बारे में जानकारी निम्नवत है।

1. स्टार्च से बने बायोप्लास्टिक : थर्मोप्लास्टिक – ये बिना नष्ट हुए घोल और द्रव किसी भी अवस्था में परिवर्तित किए जा सकते हैं। थर्मोप्लास्टिक व्यापक स्तर पर प्रयोग में आते हैं। इसे बनाने के लिए

स्टार्च में एक तन्यकारी और प्लास्टिसाइजर जैसे कि सॉरबिटॉल और ग्लिसरीन मिलाए जाते हैं जिससे कि उसे सरलता से प्रासंस्करित किया जा सके। इन योजकों की मात्रा को घटा–बढ़ाकर आवश्यकतानुसार प्लास्टिक के गुणों को परिवर्तित किया जा सकता है। जैव प्लास्टिक में लगभग 50 प्रतिशत तक का व्यापार थर्मोप्लास्टिक का ही है। औद्योगिक रूप से, स्टार्च से बने जैव प्लास्टिक को अपक्षीणक पॉलीएस्टर्स के साथ मिश्रित किया जाता है। स्टार्च की शुद्धता के कारण यह आर्द्रता को अच्छी तरह से अवशोषित कर लेता है। इसी कारण इसका उपयोग औषध कैप्सूल बनाने में होता है।

2. सेल्यूलोस से बने बायोप्लास्टिक : सेल्यूलोस बायोप्लास्टिक प्रायशः सेल्यूलोस एस्टर (सेल्यूलोस एसीटेट तथा नाइट्रोसैल्यूलोस) और उसके व्युत्पन्न होते हैं।

कुछ एलिफैटिक पॉलिएस्टर : एलिफैटिक बायो पॉलीएस्टर मुख्यतः पॉली हाइड्रॉक्सी एल्कानोएट या पीएचए जैसे कि पॉली 3–हाइड्रॉक्सीब्यूटाइरेट अर्थात् पीएचबी और पॉली हाइड्रॉक्सीहेक्सानोऐट अर्थात् पीएचएच होते हैं।

पॉलीलैक्टिक अम्ल : वस्तुतः यह पारदर्शी प्लास्टिक है जिसके गुण पेट्रोप्लास्टिक (जैसे पॉलीथीन और पॉलीप्रोपाइलीन) से मिलते हैं। पॉलीलैक्टिक अम्ल व्यायाम के समय हमारी मांसपेशियों में बनने वाले पदार्थ की तरह है। ये स्टार्च की किण्वन क्रिया के दौरान बनने वाले लैक्टिक एसिड तथा उसके बहुलकीकरण से बनते हैं। इनका उपयोग कम्प्यूटर, मोबाइल फॉइल और टिन आदि बनाने में होता है।

पॉली 3 हाइड्रॉक्सीब्यूटाइरेट (पीएचबी): बायोपॉलीमर पॉली 3 – हाइड्रॉक्सी ब्यूटाइरेट एक पॉलीएस्टर जिसे ग्लूकोस, कॉर्न स्टार्च या व्यर्थ जल को जीवाणुओं द्वारा प्रसंस्करित करके बनाया जाता है। इसके गुण पेट्रोप्लास्टिक पॉलीप्रोपाइलिन के समान होते हैं। यह 130° सेल्सियस से भी अधिक गलनांक पर एक पारदर्शी फिल्म बनाता है और बिना अवशेष के जैव अपघटनीय होता है। इसका उपयोग रस्सी, बैंकनोट और कार आदि में किया जाता है। यह जीवाणु तथा जैवपरिवर्तित पादपों से भी मिलता–जुलता है।

पॉलीहाइड्रॉक्सी एल्कोनोएट (पीएचए) पीएचए ऐसे पॉलीमर होते हैं। जो प्राकृतिक रूप से जीवाणुओं द्वारा उत्पन्न होते हैं। पीएचए रैखिक पॉलीएस्टर होते है जो प्रकृति में शर्करा और लिपिड के जीवाण्विक

किण्वन द्वारा बनते हैं। इन्हें कार्बन और ऊर्जा संग्रहित करने के लिए जीवाणुओं द्वारा बनाया जाता है। औद्योगिक उत्पादन में पॉलीएस्टर को निष्कर्षित किया जाता है और शर्करा के किण्वन के लिए परिस्थितियों को अनुकूलित कर जीवाणुओं द्वारा शुद्ध किया जाता है। जीवाणु विभिन्न प्रकार के पीएचए अणु बनाते हैं जो 150 विभिन्न प्रकार के मोनोमर (एकलक) के बने होते हैं जिनसे बिल्कुल भिन्न गुण वाले पदार्थ बनते हैं। पॉलीहाइड्रॉक्सीएल्कोनोएट कम लचीले और अधिक तन्य होते हैं, और ये जैव अपघटनीय भी होते हैं। इस प्लास्टिक का अधिकतम उपयोग चिकित्सा उद्योग में होता है।

पॉलीएमाइड II (पीए II) : पीए II प्राकृतिक तेल से प्राप्त होने वाला जैव पॉलीमर है। इसका व्यापारिक नाम रिलसान–बी भी है। यह जैव अपघटनीय नहीं होता है। इसके तापरोधी होने के कारण, इसका उपयोग कार की ईंधन लाइनों, बिजली के तार, दीमकरोधी आवरण, तेल एवं गैस के लचीले पाइप, इलेक्ट्रॉनिक उपकरणों के घटक और कैथेटर बनाने में होता है।

जैव उत्पादित पॉलीइथाइलीन : पॉलीइथाइलीन की मूल निर्माण इकाई एकलक या मोनोमर होती है। जैव उत्पादित पॉलीइथाइलीन रासायनिक और भौतिक रूप से पारंपरिक पॉलीइथाइलीन के समान होती है। यह जैव अपघटनीय नहीं होती है परन्तु इसका पुनचक्रण हो जाता है। यह भी हरित गृह (ग्रीन हाउस) गैसों के उत्सर्जन को बहुत कम कर सकती है।

प्रकाश द्वारा विघटित प्लास्टिक : इसकी विशेषता यह है कि ये सूर्य की किरणों से छोटे–छोटे कणों में विभाजित हो जाते हैं जो जैव विघटन के लिए अनुकूल होते हैं।

बायोप्लास्टिक लेबलिंग

यूरोप तथा अमेरिका में जैव प्लास्टिक को चिन्हित करने के लिए त्रिकोण चिन्ह के साथ ही मूलांक सात का प्रयोग होता है। दो मुख्य यूरोपियन चिन्हक प्रणाली जो प्लास्टिक लेबलिंग के दौरान उपयोग में आती हैं, इस प्रकार है – प्रथम यूरोपियन जैव प्लास्टिक (सीडलिंग लोगो) जो पैकिंग पर प्रयुक्त होता है और ईएन 13432 की पुष्टि करता है। यह प्रमाणीकरण ऐसे जैव प्लास्टिक के लिए है जो कि छह महीने से कम अवधि में 60° से. तापमान पर 90 प्रतिशत जैव अपघटनीय है।

बायोप्लास्टिक का वातावरण पर प्रभाव

जैव प्लास्टिक, ऊर्जा क्षमता, पेट्रोलियम उपयोग, कार्बन उत्सर्जन, आदि में पेट्रो प्लास्टिक से उत्तम है। एक मीट्रिक टन बायोप्लास्टिक 0.8 – 3.2 मीट्रिक टन कार्बन डाइ ऑक्साइड उत्सर्जित करती है। इटैलियन कम्पनी नोवामोनपस के प्रतिवेदन के अनुसार, एक किलोग्राम बायोप्लास्टिक बनाने के लिए 500 ग्राम पेट्रोलियम और 80 प्रतिशत ऊर्जा की आवश्यकता होती है। नेचर वर्फ के प्रतिवेदन के अनुसार, पॉलीलैक्टिक अम्ल बायोप्लास्टिक के उत्पादन में पॉलीथीन की तुलना में 50 से 68 प्रतिशत जीवाश्म ईंधन की बचत होती है। सारणी–2 में बायो एवं पेट्रोप्लास्टिक की तुलना की गई है।

सारणी–2. बायोप्लास्टिक और पेट्रोप्लास्टिक की तुलना

विशेषता / गुण	बायोप्लास्टिक	पेट्रोप्लास्टिक
नवीकरणीय	संभव	असंभव
स्थिरता	संभव	नहीं
वातावरण में भंगुरता	जैव विघटनीय	ऑक्सीकरण / पॉलीमर अपघटनीय
पॉलीमर स्तर	सीमित पर बढ़ता हुआ	व्यापार
हरित गृह गैस उत्सर्जन	प्रायशः कम	अधिक
जीवाश्म ईंधन उपयोग	प्रायशः कम	अधिक
कृषि योग्य भूमि का उपयोग	वर्तमान में कम	नहीं

अतः जैव प्लास्टिक, ऊर्जा क्षमता, पेट्रोलियम उपयोग कार्बन उत्सर्जन आदि में पेट्रो प्लास्टिक से उत्तम है (चित्र–52)।

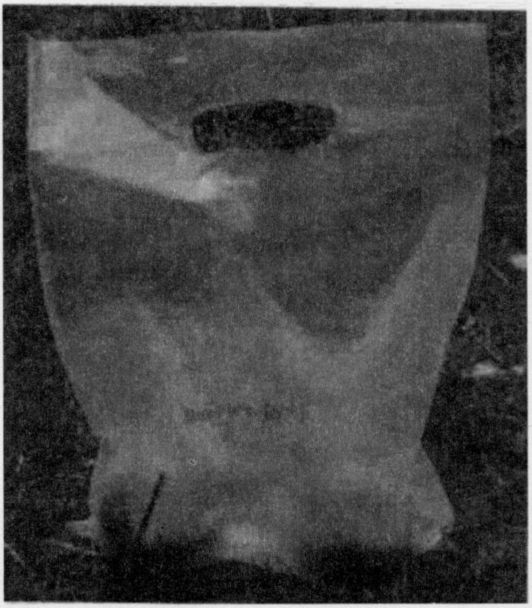

चित्र–52. जैव प्लास्टिक पेट्रोप्लास्टिक से उत्तम

बायोप्लास्टिक और जैव अपघटन

जैव या बायो प्लास्टिक एक प्रौद्योगिकी है जिससे बना प्लास्टिक कम समय में अपघटित होता है। यह पर्यावरण स्नेही है क्योंकि इससे ग्रीन हाउस गैसें और कार्बन कम उत्सर्जित होते हैं। इसके अतिरिक्त इसमें अजैव अपघटनीय प्लास्टिक की तुलना में आधे से कम ऊर्जा लगती है। यह अविषाक्त होती है, जबकि सामान्य प्लास्टिक हानिकारक होता है। इसका पुनर्चक्रण अपेक्षाकृत आसान होता है। सभी जैव एवं पेट्रोलियम आधारित प्लास्टिक उपयुक्त अवस्थाओं में सूक्ष्मजीवों द्वारा अपघटनीय होते हैं। यद्यपि उनमें से अनेक इतनी धीमी गति से अपघटित होते हैं कि उन्हें जैव अपघटनीय नहीं समझा जाता है। कुछ पेट्रोरसायन आधारित प्लास्टिक को जैव अपघटनीय माना जाता है और उनका उपयोग अनेक व्यापारिक बायोप्लास्टिक को बेहतर बनाने के लिए योजक के रूप में होता है। जैव अपघटन की क्षमता अनेक कारकों, यथा– तापमान, पॉलीमर स्थायित्व और उपलब्ध ऑक्सीजन की मात्रा पर निर्भर करती है। परिणामस्वरूप अधिकांश बायोप्लास्टिक औद्योगिक कमपोस्टिंग

इकाइयों में पूर्ण रूप से नियंत्रित अवस्थाओं में अपघटित होते हैं। यह देखा गया है कि कम्पोस्ट के ढेर या आसपास जल या मृदा में स्टार्च से बने बायोप्लास्टिक को छोडकर अन्य अधिकांश बायोप्लास्टिक अपघटित नहीं होते हैं। पारंपरिक प्लास्टिक जैसे पॉलीइथाइलीन पराबैंगनी प्रकाश और ऑक्सीजन द्वारा अपघटित हो जाते हैं। इसे रोकने के लिए प्लास्टिक निर्माता इनमें स्थिरीकारक पदार्थ मिलाते है। इसे अपघटनी प्लास्टिक या प्रकाश अपघटनीय प्लास्टिक कहते हैं।

बायो प्लास्टिक के लाभ

उपभोग्य (डिस्पोजेबल) तथा अउपभोग्य (नॉन डिस्पोजेबल) बायोप्लास्टिक दोनों प्रकार के उत्पादों में प्रयोग की जाती है (चित्र–53)।

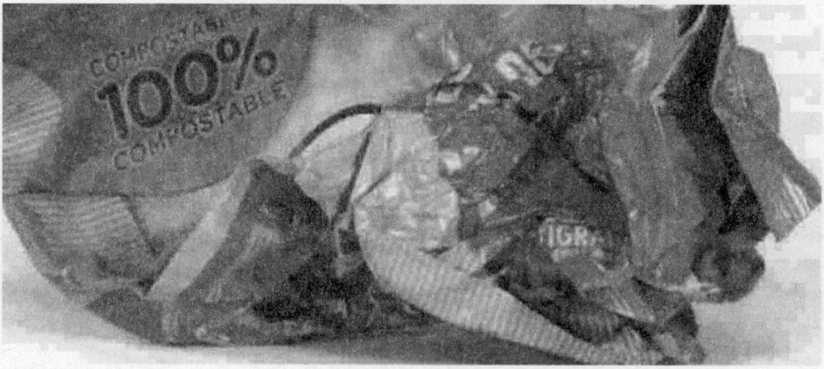

चित्र–53. उपभोग्य एवं अउपभोग्य कार्यों में बायोप्लास्टिक

बायोप्लास्टिक का सर्वाधिक उपयोग उपभोग्य अथवा डिस्पोजेबल पानी की बोतलें बनाने में होता है। ये बोतलें 30 प्रतिशत पादप उत्पाद और शेष पेट्रोलियम आधारित पॉलीइथाइलीन टेरेफ्थेलेट की बनी होती हैं। इसके अतिरिक्त बायोप्लास्टिक बैग, फल, सब्जी, अंड़े, माँस, डेयरी उत्पाद आदि की ई–कंटेनर, पैकिंग में काम आता है। यह सभी प्रकार के डिस्पोजेबल उत्पादों में प्रयुक्त होता है। नॉन – डिस्पोजेबल उपयोगों के अंतर्गत इसका उपयोग मोबाइल फोन, कालीन, कार की सजावट के सामान, ईंधन, प्लास्टिक पाइपों आदि में होता है। चिकित्सीय इम्पलांट पीएलए (जो शरीर में घुलनशील होते हैं और रोगी को आपरेशन से बचाते हैं) में भी इनका उपयोग किया जाता है।

बायोलैक

गेहूं से लैक्टिक अम्ल निर्माण की तकनीक बहुत प्राचीन है जिसमें किण्वन द्वारा लैक्टिक अम्ल का निर्माण होता है तथा अन्तिम उत्पाद के रूप में डी–लैक्टिक एसिड एवं एल–लैक्टिक एसिड उत्पन्न होता है। शुद्ध एल–लैक्टिक एसिड द्वारा पॉलीलैक्टाइड का निर्माण संभव है जो कि एक विघटनशील बहुलक (पॉलीमर) है। इसको खाद्यानों में सुगंध हेतु तथा औषधि निर्माण में अम्लीकरण हेतु भी प्रयोग में लाया जा सकता है। बायोलैक को कम्पोस्ट बैग के रूप में, कागज के सतहीकरण हेतु, बीजों, कवकनाशियों, तथा उर्वरकों के धीमे–धीमे निस्तारण हेतु प्रयोग किया जाता है। इस पॉलीमर का उत्पादन दो भागों में होता है। पहले भाग में स्टार्च ग्लूको लैक्टिक एसिड में परिवर्तित होता है तथा दूसरे भाग में यह पॉली लैक्टिक एसिड में परिवर्तित होता है।

पॉलीलैक्टिक एसिड भौतिक गुणों के आधार पर पॉलीस्टाइरीन जैसा ही होता है। इसको परिवर्तित कर पॉलीइथीलीन तथा पॉलीप्रोपीलीन के गुणों के समान भी कर सकते हैं। अतः यह पेट्रोरसायन (पेट्रोकेमिकल) आधारित पॉलीमर जैसे कार्यों के लिए भी उपयोग किया जा सकता है। इसे खाद्य पदार्थों की पैकिंग, दुग्ध पैकिंग हेतु तथा लिफाफों हेतु भी प्रयोग में लाया जा सकता है।

नवीन अनुसंधान

इस दिशा में कई महत्वपूर्ण शोध कार्य देश–विदेश में हो रहे हैं, जिनके बारे में संक्षिप्त जानकारी निम्नलिखित है –

1. **मुर्गो के बेकार पंखों से बनेगा प्लास्टिक** : यूनिवर्सिटी ऑफ नेबरास्का – लिंकन के इंस्टीट्यूट ऑफ एग्रीकल्चर एंड नेचुरल रिसोर्सेज के डॉ. येंग ने मुर्गे के गिरे हुए पंखों से एक नए प्रकार का किरैटिन प्लास्टिक बनाया है। इस तकनीक का लाभ यह होगा कि गिरे हुए इन पंखों का एक बड़ा भाग जो व्यर्थ चला जाता था, उसका उपयोग हो सकेगा। एक आकलन के अनुसार अकेले अमेरिका में ही प्रतिवर्ष 1.3 बिलियन कि.ग्रा से अधिक पंख निकलते हैं जिसके कुछ भाग का उपयोग पशु आहार बनाने में होता है और शेष वैसे ही बेकार चला जाता है।

2. **पौधों से बना प्लास्टिक** : मेलबर्न में वैज्ञानिकों ने पूरी तरह पादव आधारित बायोप्लास्टिक बनाया है जो मात्र बीस सेकंड में सरलता से पूरी तरह पानी में घुल जाता है। भुट्टे से प्राप्त स्टार्च से बना और पूरी तरह आविषालु पेंट से आकर्षक बनाया गया यह प्लास्टिक खाद्य भी होता है। इसमें वायु में उपस्थित आर्द्रता बाधा होती है।
3. **आलू से बना बायोप्लास्टिक** : आलू की जड़ों वाले भाग से बना यह पादप आधारित प्लास्टिक, कालांतर में आर्थिक रूप से भी उपयोगी सिद्ध होगा क्योंकि इसे तेजी से बढ़ रहे आलू की चिप्स (पोटैटो चिप्स) उद्योग के उत्पाद के रूप में प्राप्त किया जा सकता है। इसके अतिरिक्त इसका उपयोग पुनर्चक्रणीय प्लास्टिक की बोतलें, कार्पेटिंग और अपहोल्सट्री फैब्रिक बनाने में हो सकता है।
4. **घास में उगेगा प्लास्टिक** : मासाचुसेट्स स्थित बायोटेक कंपनी मेटाबोलिक्स ने बायोप्लास्टिक के एक प्रारुप पॉलीहाइड्रॉक्सी ब्यूटाइरेट अर्थात् पीएचए को बनाने का एक प्राकृतिक तरीका खोजा है। यह विलक्षण बल्कि उन्नत प्रौद्योगिकी को स्विच घास जैसे बहुवार्षिक पौधों की पत्तियों में प्लास्टिक उगाना कहा जाए तो गलत नहीं होगा। इसका उपयोग क्रेडिट कार्ड, प्लास्टिक के बर्तन और वाहनों के घटक बनाने में किया जा सकता है।
5. नवीन पादप वसा अम्ल के व्युत्पन्न प्लास्टिक से बन सकता है डीजल जैसा तरल ईंधन। न्यूयार्क स्थित पॉलीटेक्नीक यूनिवर्सिटी के वैज्ञानिकों ने एक नए प्रकार का उन्नत ईंधन युक्त प्लास्टिक बनाया है। इसकी विशेषता यह है कि इसे डीजल जैसे तरल ईंधन में बदला जा सकता है जिसका औद्योगिक रूप में विशेष रूप से जनरेटरों और परिवहन में उपयोग हो सकता है।

देश में बायोप्लास्टिक की स्थिति

अभी हमारे देश में बायोप्लास्टिक को बाजार में लोकप्रियता कम मिली है तथा यह अपनी शैशवावस्था में हैं। इसका प्रमुख कारण जन जागरुकता में कमी होना है। वर्ष 2008 में परंपरागत पेट्रोलियम पर

आधारित प्लास्टिक की मांग 5 मिलियन टन थी, जबकि बायोप्लास्टिक की मांग 30 टन थी। कालांतर में इसकी मांग बढ़ने की पूर्ण आशा है। देश में जम्मू एवं कश्मीर पूरी तरह से बायोप्लास्टिक उत्पादन विनिर्माण सुविधा स्थापित करने वाला पहला राज्य है। बायोप्लास्टिक के उपयोग को बढ़ाने हेतु हमें इनकी कीमतों को भी कम करना होगा तथा उत्पादन के नवीन तरीकों को ढूंढना होगा जिससे औद्योगिक विकास को भी गति मिलेगी।

प्लास्टिक भक्षी बैक्टीरिया की नवाचारी खोज का विहंगावलोकन

वैज्ञानिकों ने प्लास्टिक प्रदूषण और प्लास्टिक कचरे के निपटान हेतु कुछ प्रारुपिक प्रकार के फफूंदों, कवकों (फंजाई), जीवाणु (बैक्टीरिया) तथा एंजाइम आदि खोजे हैं जिनमें जीवाणु भक्षण के गुण होते हैं।

वैज्ञानिक इन सूक्ष्मजीवों, एंजाइमों आदि पर गहन अनुसंधान कर रहे हैं जिससे इस ज्वलंत समस्या का समुचित समाधान हो सके। उन्होंने विचार मंथन करके पाया कि महासागरों में जमा हो रहे प्लास्टिक कचरों में प्लास्टिक भक्षी बैक्टीरिया जैसे सूक्ष्मजीव होने चाहिए। इसी क्रम में एक नवाचारी विचार कनाडा प्रवासी सोलह वर्षीय युवा वैज्ञानिक डैनियल बर्ड (चित्र–54) को आया। डेनियल ने भराव क्षेत्रों यानि लैंडफिल्स से कचरे के नमूने लेकर उनमें उपस्थित बैक्टीरिया को पीसी कुचली पॉलीथिन थैलियां खुराक के रूप में दी। डेनियल ने पाया कि स्फिन्गोमोनास तथा स्यूडोमोनास प्रजाति के बैक्टीरिया मिलकर प्लास्टिक भक्षण के कार्य को अति उत्तम रूप से करते हैं। कचरे के नमूनों में विद्यमान ऐसे बैक्टीरिया पर अन्वेषण के दौरान डेनियल ने यह आकलन किया कि प्लास्टिक की एक थैली को पूर्ण रूप से निम्नीकृत करने के लिए बैक्टीरिया को कम से कम तीन महीने लगते हैं।

इसी क्रम में टोल यूनिवर्सिटी के जैव रसायन विज्ञान के प्रो. स्कॉट स्ट्रोब के विद्यार्थियों ने अमेजन के जंगल में कुछ विलक्षण पादपों को खोजा। इसके पश्चात् उन्होंने इन पादपों के ऊतकों में पाए जाने वाले सूक्ष्मजीवों का संवर्धन किया। इस प्रक्रिया से उन्हें पेस्टेलोटिऑप्सिस माइक्रोस्पोरा नामक फफूंद या कवक (Fungi) प्राप्त हुआ। इस कवक को पॉलियूरिथेन जो मानव द्वारा उपयोग किया जाने वाला अत्यंत प्रदूषणकारी प्लास्टिक है, को विघटित करने वाला पाया गया। इस शोध कार्य को

सन् 2012 में "एप्लाइड एंड इनवायर्नमेंटल माइक्रोबायोलॉजी" नामक जर्नल में प्रकाशित किया गया।

चित्र–54. डेनियल बर्ड

येल विश्वविद्यालय के विद्यार्थियों ने अपने अध्ययन में ज्ञात किया कि ये कवक अवायवीय अर्थात् ऑक्सीजन मुक्त वातावरण में पॉलियूरिथेन प्लास्टिक का भक्षण करते हैं। अतः इन्हें भराव क्षेत्रों के सबसे निचले हिस्से, जहां ऑक्सीजन का लगभग पूर्ण अभाव होता है, में प्रविष्ट कराया जा सकता है। और ये दक्षता से प्लास्टिक भक्षी की भूमिका निभा सकते हैं। इसी क्रम में सन् 2014 में वैज्ञानिकों ने मीलवर्म (चित्र–55) नामक एक विशिष्ट लार्वा का पता लगाया जो वस्तुतः मीलवर्म बीटल नामक भृंग का लार्वा है। मीलवर्म बीटल अमेरिका में पाए जाने वाले डार्कलिंग बीटल की ही एक प्रजाति है जिसका जीव वैज्ञानिक नाम टेनेब्राइयो मॉलिटर है।

चित्र–55. मीलवर्म

वैज्ञानिकों ने अपने अनुसंधान द्वारा ज्ञात किया कि मीलवर्म नामक लार्वा स्टाइरोफोम पॉलिस्टाइरीन से बना प्लास्टिक तथा कुछ प्लास्टिकों का भक्षण कर सकता है।

इस अनुसंधान कार्य को आगे बेहैंग यूनिवर्सिटी से संबद्ध प्रो. जुन यांग एवं उनके शोधार्थी यू यांग तथा स्टेनफोर्ड यूनिवर्सिटी के इंजिनियर वेई–मिन वू ने बढ़ाया जिसका प्रकाशन वर्ष 2014 में अमेरिकन कैमिकल सोसाइटी के जर्नल एनवायर्नमेंटल साइंस एंड टेक्नोलॉजी में प्रकाशित हुए।

इन वैज्ञानिकों ने अपने शोध अध्ययन के लिए 100 मीलवर्म्स (चित्र–54) को एकत्रित किया। उन्होंने प्रेक्षित किया कि इन मीलवर्म्स ने प्रतिदिन 34–39 मिलिग्राम स्टाइरोफोम का भक्षण किया। मीलवर्म्स ने स्टाइरोफोम प्लास्टिक को खाने के पश्चात् उसे कार्बन डाइ ऑक्साइड वर्म जीवभार तथा जैव निम्नीकरणीय कचरे में बदल दिया। इस जीवभार तथा कचरे को खेत की मृदा पर उगे पौधों, यहां तक कि फसल के लिए भी सुरक्षित पाया। वैज्ञानिकों के अनुसार मीलवर्म नामक लार्वा की आंतों में उपस्थित एक किस्म के बैक्टीरिया ही इसे प्लास्टिक के निम्नीकरण के लिए सक्षम बनाते हैं। वैज्ञानिकों ने जब मीलवर्म्स को एंटिबायोटिक के साथ प्लास्टिक खाने को दिया तो यह प्लास्टिक निम्नीकृत नहीं हुआ। अतः यह निष्कर्ष निकाला गया कि मीलवर्म की आंत में उपस्थित बैक्टीरिया प्लास्टिक के निम्नीकरण में बहुत महत्व निभाते हैं।

इतना ही नहीं वैज्ञानिकों ने मधुमक्खी के छतों में पाए जाने वाले तथा मछली पकडने के खाद्य पदार्थ में प्रयुक्त होने वाले वैक्सवर्म (चित्र–56), जिसका जैव वैज्ञानिक नाम गेलेरिया मैलोनेला है, के बारे में भी वैज्ञानिकों ने पता लगाया कि यह भी पॉलिथीन प्लास्टिक का भक्षण कर सकता है। वैज्ञानिकों ने सोचा कि वैक्सवर्म की लार या आंत में एक ऐसा एंजाइम पाया जाता है जो प्लास्टिक के रासायनिक बंधों को तोड़ने में लग जाता है, ठीक उसी प्रकार जिस तरह कि ये मधुमक्खी के छते में पाए जाने वाले रासायनिक रूप से जटिल मोम का भक्षण करते हैं। वैक्सवर्म की प्लास्टिक को भक्षण करने की क्षमता का पता भी रोचक ढंग से लगा, जब जीवविज्ञानी एवं शौकिया मधुमक्खी पालक फेडेरिका बेंटोशिनी मधुमक्खी के छतों को साफ करती हुई उनमें उपस्थित परजीवियों को निकाल–निकाल कर एक प्लास्टिक की थैली में रख रही थी। इसी दौरान बेंटोशिनी ने थैली में अनेक छोटे–छोटे छिद्र देखें।

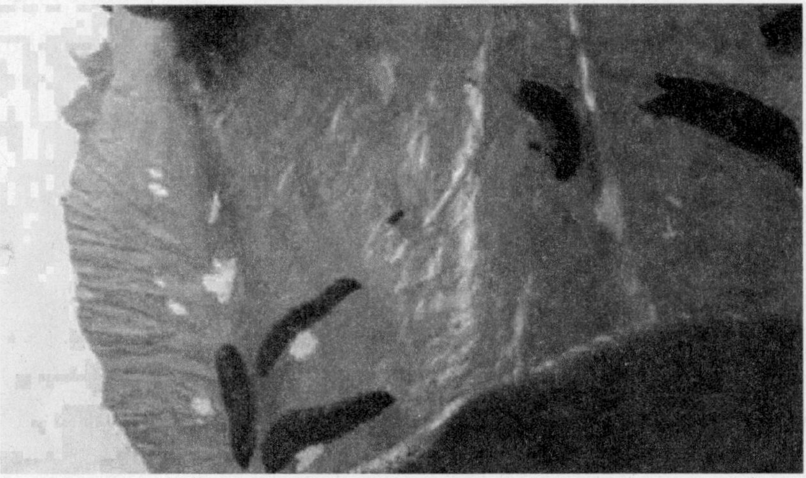

चित्र–56. वैक्सवर्म (गैलेरिया मैलोनेला)

इस शोध कार्य को कैम्ब्रिज यूनिवर्सिटी से संबंधित पी. बॉमबेली तथा हॉवे सी.जे. ने स्पेनिश नेशनल रिसर्च काउंसिल की जीवविज्ञानी फेडेरिका बेंटोशिनी के साथ मिलकर आगे बढ़ाया तथा 100 वैक्सवर्म्स को ब्रिटिश सुपर मार्किट से खरीदी गई प्लास्टिक थैली में रखा गया। वैज्ञानिकों ने पाया कि चालीस मिनट के अंतराल में ही थैली में बहुत छेद हो गए। और बारह घंटे की अवधि में वैक्सवर्म्स में 92 मिलिग्राम प्लास्टिक का भक्षण कर डाला।

इन वैज्ञानिकों को स्पेक्ट्रामिकी विश्लेषण द्वारा भी यह सिद्ध करने में सफलता प्राप्त हुई कि वैक्सवर्म्स की क्रिया द्वारा ही प्लास्टिक में उपस्थित रसायनिक बंध टूट रहे थे। इन वैक्सवर्म्स ने पॉलिएथिलीन प्लास्टिक को एक 'अपरिबद्ध' यानी 'अनबाउंडेट' पदार्थ – एथिलीन ग्लाइकॉल में परिवर्तित किया था। इस शोध का विवरण अप्रेल 2017 में "करेंट बायोलॉजी' नामक जर्नल में प्रकाशित होने से इस शोध की पुष्टि हुई।

सन् 2016 में जापानी वैज्ञानिकों ने एक प्लास्टिक भक्षी बैक्टीरिया की खोज की जो पैट (पॉलिएथिलीन टेरेफ्थैलेट – पीईटी) प्लास्टिक को लगभग छह सप्ताहों में विघटित कर सकता है। वस्तुतः पैट प्लास्टिक की ऐसी लोकप्रिय किस्म है जिसका व्यापक रूप से प्रयोग पानी, तेल आदि रखने की बोतलों, खाद्य सामग्री की पैकेजिंग तथा वस्त्र उद्योग में किया जाता है। वस्त्र उद्योग में पैट का व्यापारिक नाम (ट्रेड नाम)

पॉलिएस्टर है। जापान के वैज्ञानिकों ने लगभग पांच वर्ष तक लैंडफिल्स तथा कचरे के अन्य ढेरों से प्लास्टिक को खंगाला तथा अंततोगत्वा उन्हें बैक्टीरिया के प्रभेद (स्ट्रेन) का पता चला, पैट का भक्षण करने के लिए प्राकृतिक रूप से जिसकी उत्पति प्लास्टिक कचरे के ढेर में हुई थी।

प्लास्टिकभक्षी बैक्टीरिया का पता लगाने के लिए तत्पश्चात् वर्ष 2016 में क्योटो इंस्टि्टयूट ऑफ टेक्नोलोजी से संबंद्ध कोहई ओडा तथा फेइयो यूनिवर्सिटी के केंजी मियामोटो के नेतृत्व में पुनः प्रयास किए गए। इन वैज्ञानिकों ने सकाई, जापान स्थित पैट बोतलों के पुनर्चक्रणीय एकक से 250 नमूनें एकत्रित किए। ये नमूनें इस एकक परिसर के अवसाद, मृदा, गंदे पानी तथा सक्रियित आपंक (एटिवेटेड स्लज) से एकत्रित किए गए। इन नमूनों का विश्लेषण कर वैज्ञानिकों को एक बैक्टीरिया का पता लगाने में सफलता प्राप्त हुई। पैट फिल्म पर पनपते इस बैक्टीरिया को उन्होंने जापान के सकाई शहर के नाम पर इंडोनेला सकाईएंसिस नाम (चित्र–57) दिया।

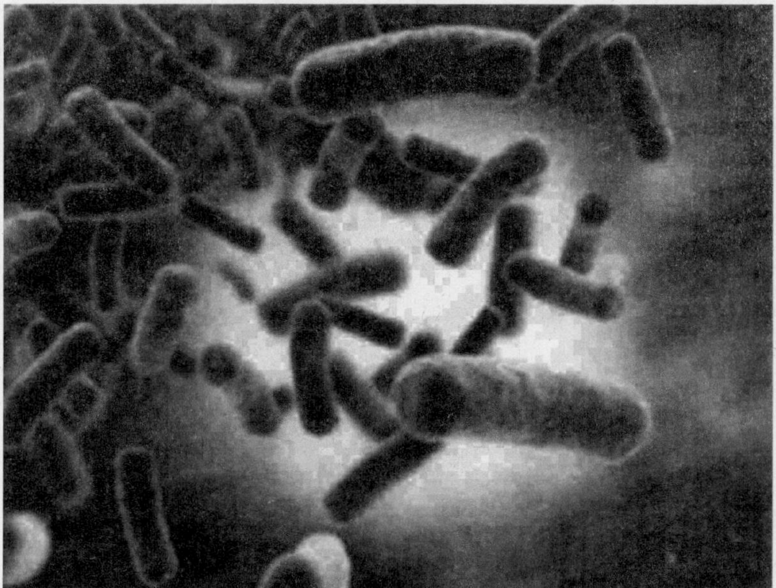

चित्र–57. इंडोनेला सकाईएंसिस

जापान के इन वैज्ञानिकों ने इस बैक्टीरिया पर गहन अनुसंधान कर यह पता लगाया कि इसमें दो एंजाइम होते हैं जो पैट नामक

प्लास्टिक पॉलिमर को अंततः उपापचयित कर इसे जैव निम्नीकरणीय अपशिष्ट एवं कार्बनडाइऑक्साइड में बदल देते हैं। इंडोनेला सकाईएंसिस (201–एफ6) में उपस्थित पैटेस नामक एंजाइम पैट प्लास्टिक को विघटित कर एक मध्यवर्ती उत्पाद मोनो (2–हाइड्रोक्सीएथिल) टेरेफ्थेलेट एसिड (एम.एच.ई.टी.) में बदलता है। इसी प्रकार बैक्टीरिया में विद्यमान दूसरा एंजाइम एम.एच.ई.टेस. (MHE Tase)–जल अपघटन (हाइड्रोलिसिस) की प्रक्रिया द्वारा मध्यवर्ती उत्पाद एमएचईटी को टेरेफ्थैलिक एसिड तथा एथिलीन ग्लाइकॉल में बदलता है (चित्र–58)। इनके अपचयन द्वारा बैक्टीरिया इन्हें अंततः जैव निम्नीकरणीय अपशिष्ट एवं कार्बनडाइ ऑक्साइड में परिवर्तित करता है।

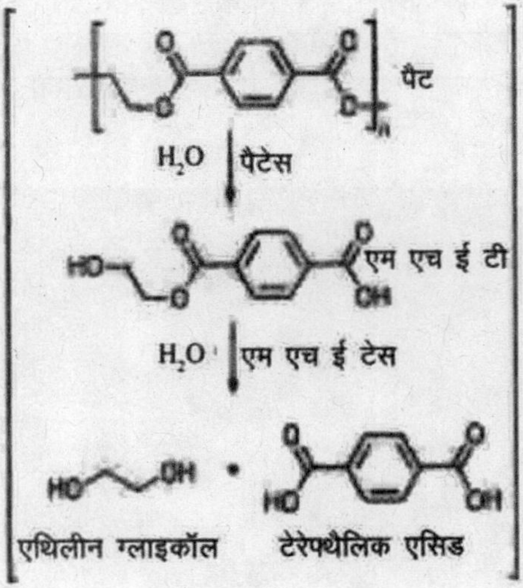

चित्र–58. इंडोनेला सकाई के दो एंजाइम

इस प्रकार जापानी वैज्ञानिकों के खोजे गये बैक्टीरिया को विश्व भर के वैज्ञानिकों ने सराहा तथा इस बैक्टीरिया की प्लास्टिक भक्षण दक्षता में सुधार लाते हुए समय–समय पर वैज्ञानिकों ने सुप्रयास किए।

प्लास्टिक का पुनर्चक्रण

वैसे तो प्लास्टिक के निपटान के कई तरीके हैं। परन्तु सबसे प्रचलित प्लास्टिक का पुनर्चक्रण या रीसाइकलिंग (Recycling) है। वस्तुतः पुनर्चक्रण से आशय प्लास्टिक अपशिष्ट से पुनः प्लास्टिक प्राप्त

करके प्लास्टिक की नई चीजें बनाना है। प्लास्टिक पुनर्चक्रण की शुरूआत सर्वप्रथम वर्ष 1970 में कैलीफोर्निया की एक फर्म ने की थी। इस फर्म द्वारा खुरचन तथा प्लास्टिक की बोतलों से नालियों के लिए टाइल तैयार किए गए थे। प्लास्टिक के पुनर्चक्रण से प्लास्टिक की बोतलों तथा थैलियों से वस्त्र तथा फर्नीचर पैड बनाए जा रहे हैं। उदाहरण के तौर पर 3000 प्रयोग में लाई प्लास्टिक बोतलों के पुनर्चक्रण से एक प्लास्टिक की गार्डन पिकनिक मेज तैयार की जा सकती है।

उपयोग में लाई जा चुकी बोतलें तथा थैलियां को एकत्र करने का काम कहीं–कहीं स्थानीय परिषदें करती हैं। वे इन्हें एक पुनर्चक्रण केन्द्र में ले जाती हैं। छंटाई का कार्य हाथों से किया जाता है। छंटाई के पश्चात् प्लास्टिक को छोटे–छोटे टुकडों में काट लिया जाता है अथवा फिर कस कर गट्ठर बना लिए जाते हैं। इससे ट्रक में भरकर पुनर्चक्रण केन्द्र तक ले जाने में सुविधा होती है। छंटाई के लिए यह जानना आवश्यक है कि प्लास्टिक किस रासायनिक प्रकृति का है। रासायनिक प्रकृति के अनुसार प्लास्टिक के तीन वर्ग हो सकते हैं।

(i) पॉली ओलीफींस (ii) स्टाइरीनिक्स तथा (iii) विनाइल्स

पॉली ओलीफींस को घनत्व के अनुसार कम घनत्व (प्लास्टिक की थैलियाँ) तथा अधिक घनत्व पॉलीप्रोपिलीन की रस्सियाँ तथा प्याले, इन दो भागों में रखा जा सकता है। स्टाइरीनिक्स का उपयोग विद्युतरोधी उपकरण बनाने में किया जाता है। विनाइल प्लास्टिकों का उपयोग रसायन रखने की बोतलें बनाने, एक्सरे फिल्म तथा खिलौने में किया जाता है। वस्तुतः प्लास्टिक के कारखानों से उत्पादन के समय निकला खुरचन उत्तम प्लास्टिक अपशिष्ट होता है। यह पुनर्चक्रण के लिए अति उत्तम होता है।

पुनर्चक्रण की क्रिया तीन प्रकार से सम्पन्न की जाती है, यथा –

(1) छंटाई के पश्चात् प्लास्टिक अवशेषों को उसी तरह के प्लास्टिक उत्पादों में परिवर्तित कर लिया जाता है जिनसे वह प्लास्टिक की वस्तु बनी थी।

(2) प्लास्टिक उत्पाद से प्लास्टिक की अन्य वस्तुएं बनाई जाती हैं।

(3) रासायनिक पुनर्चक्रण में प्लास्टिक अवशेषों को ऊष्मा के द्वारा पेट्रोलियम पदार्थ में परिवर्तित कर दिया जाता है। जापान में प्लास्टिक कचरे से ईंधन तेल तैयार किया जाता है।

यह देखा गया है कि प्लास्टिक कचरे से दोबारा जो प्लास्टिक उत्पाद बनता है, वह मूल उत्पाद की अपेक्षा कम गुणवाला होता है। अतः बार–बार पुनर्चक्रण करने से गुणवता का ह्रास होता है।

प्लास्टिक के पुनर्चक्रण के लिए सर्वप्रथम उसे गरम करके पिघलाया जाता है। प्लास्टिक में घुलनशीलता बहुत कम होती है जिसका कारण इनकी बड़ी पॉलिमर श्रृंखलाओं का उच्च आणविक भार है। सही ढंग से मिश्रित होने के लिए प्रायशः प्लास्टिक की संरचना का समान होना आवश्यक है। जब विभिन्न किस्मों की प्लास्टिक को एक साथ पिघलाया जाता है तो वे तेल व पानी की तरह चरणबद्ध ढंग से पानी और तेल की तरह तहों के रूप में विभाजित हो जाते हैं। इस कारण से पुनर्चक्रण से प्राप्त होने वाले प्लास्टिक में संरचनात्मक कमजोरी पाई जाती है। फलस्वरूप, ऐसे पुनर्चक्रित पॉलिमर मिश्रण केवल कुछ ही वस्तुओं को बनाने के काम में आते हैं। प्लास्टिक के पुनर्चक्रण में कुछ समस्याएं मूल प्लास्टिक में रंगों, पूरक पदार्थों (फिलर्स) और अन्य दूसरे रसायनों का बढ़ता उपयोग है। पुनर्चक्रित पॉलिमर के चिपचिपे होने के कारण आमतौर पर पूरक पदार्थों को हटाने में खर्च भी अधिक आता है। शीतल पेय के डिब्बों और प्लास्टिक की थैलियों में रसायनों के कम इस्तेमाल के कारण प्रायशः इनका प्रयोग पुनर्चक्रण के लिए अधिक किया जाता है। वैसे अपघटित होने वाले (बायोडिग्रेडेबल) प्लास्टिक के उपयोग से इस समस्या से निजात पाई जा सकती है। इस दिशा में सघन प्रयास की आवश्यकता है। प्लास्टिक पदार्थों के पुनर्चक्रण की दर को बढ़ाने के लिए आवश्यक है कि उन्हें बनाते समय उनमें ऐसे रसायन न मिलाया जाये जो प्रक्रिया को जटिल बनाते हैं।

यह देखा गया है कि पुनर्चक्रण प्रक्रिया महंगी होने के साथ कम गुणवत्ता वाले उत्पाद बनने एवं प्रदूषण बढ़ने के कारण प्रायशः विकसित देश अपना सारा प्लास्टिक कचरा विकासशील देशों को निर्यात कर देते हैं। यूरोप में बेल्जियम, आयरलैंड, और जर्मनी प्लास्टिक पुनर्चक्रण में अग्रणी देश माने जाते हैं। इन देशों की सरकारें पुनर्चक्रण उद्योग को सहायता करती हैं। जर्मनी में कुल प्लास्टिक उत्पादन का 36 प्रतिशत हिस्सा पुनर्चक्रित होना अनिवार्य है। वहां की सरकार इस प्रतिशत को दुगुना करना चाहती है।

प्लास्टिक को बार–बार पुनः चक्रित नहीं किया जा सकता है। तीन चार बार पुनः चक्रित करने पर वह फिर से काम में लेने योग्य नहीं रह

जाता है तथा रद्दी बन जाता है। एक अनुमान के अनुसार भारत के नगरीय ठोस अपशिष्ट में प्लास्टिक का अंश 1–4 प्रतिशत (0.37 कि.ग्रा/व्यक्ति) रहता है। परंतु प्लास्टिक उपयोग के पश्चात् उसका 60 प्रतिशत ही बीनकर पुनर्चक्रण के लिए उपलब्ध हो पाता है। शेष 40 प्रतिशत बेकार बिखरा पड़ा रह जाता है।

एक आकलन के अनुसार भारत में प्लास्टिक का पुनर्चक्रण लगभग 60 प्रतिशत है, जबकि अन्य देशों में कम है। हमारे देश में केन्द्र शासित प्रदेश चंडीगढ़ में 600 ट्रेडर कबाड़ी वाले प्लास्टिक बटोरने तथा बेचने का धंधा करते हैं। वे प्रतिदिन 6 टन प्लास्टिक एकत्र करते हैं। और इसका 90 प्रतिशत पुनर्चक्रित किया जाता है।

असंख्य बार पुनर्चक्रित होने वाले प्लास्टिक की खोज

अमेरिकी वैज्ञानिकों का मानना है कि उन्होंने एक ऐसा उन्नत प्लास्टिक बनाने में प्रगति की है, जो असंख्य बार रिसाइकिल या पुनर्चक्रित किया जा सकता है। इसके साथ ही यह इतना मजबूत और टिकाऊ भी है कि सामान्य प्लास्टिक का यह मुकाबला कर सकता है। पेट्रोलियम से बने सामान्य प्लास्टिक से अलग इस नए प्लास्टिक की विशेषता यह है कि छोटे अणुओं वाली वास्तविक अवस्था में बदलकर नया प्लास्टिक बार–बार बनाया जा सकता है।

कोलोराडो स्टेट यूनिवर्सिटी के रसायन विभाग के प्रोफेसर यूजीन चेन ने अपने शोध पत्र में बताया है कि पॉलिमरों को रासायनिक रूप से पुनर्चक्रित किया जा सकता है और फिर से उपयोग किया जा सकता है। यद्यपि यह शोध कार्य प्रारंभिक रूप में है तथा इसमें विस्तार की आवश्यकता है।

विश्व के अन्य वैज्ञानिकों के अनुसार इस प्रकार की प्रगति ऐसी दुनिया की ओर ले जा सकती है जहाँ प्लास्टिक को उनके जीवन काल के आखिरी दम पर भी कूड़े के रूप में नहीं वरन् ऊँची कीमत वाले सामान बनाने के लिए कच्चे माल के रूप में देखा जा सकता है। फिलहाल विश्व में जितना प्लास्टिक उपयोग किया जाता है उसका अत्यल्प भाग भी पुनर्चक्रित होता है।

प्लास्टिक पुर्नभरण से लाभ

1. भूमिभरण स्थल की बचत – प्लास्टिक के पुर्नचक्रण से मूल्यवान भूमिभरण स्थल की बचत होती है। शहरी अपशिष्ट बहुत अधिक स्थान घेरता है और जैव अपघटनीय न होने के कारण दीर्घकाल तक पड़ा रहता है।

2. कचरा (Litter) – प्लास्टिक कचरा यदि समुद्र में फेंका जाता है तो समुद्री स्तनी प्राणी इन्हें निगल कर पेट भर सकते हैं। समुद्र के जल में रहने वाले पक्षियों का दम घूट सकता है। अतः पुर्नचक्रण आवश्यक है।

3. वायु प्रदूषण – प्रायः प्लास्टिक कचरा को जलाकर उससे मुक्ति पाने का प्रयास किया जाता है, किन्तु प्लास्टिक जलाने से दमघोटू काला धुआँ निकलता है, जो वायु को प्रदूषित कर सकता है। हाँ, यदि आधुनिक भस्मकों (Incinerators) में प्लास्टिक जलाया जाता है तो वायुमंडल में जाने के छन्ने से धुआँ स्वच्छ हो जाता है।

4. संसाधन – प्लास्टिक बनाने में क्रूड तेल इस्तेमाल होता है। पृथ्वी के नीचे से तेल निकालना कठिन कार्य है, इससे प्रदूषण फैलता है, पर्यावरण क्षुब्ध होता है। यही नहीं, तेल पुनर्नवीकरणीय संसाधन नहीं है। इसे एक न एक दिन चुकना है, अतः इसको बचाकर रखना है। फलतः अपशिष्ट प्लास्टिक के पुर्नचक्रण से संसाधन (तेल) की बचत होती है।

5. प्लास्टिक से ऊर्जा – जब कचरा प्लास्टिक जलाया जाता है, तो काफी उष्मा उत्पन्न होती है – अर्थात् प्रचुर मात्रा उत्पन्न होती है।

प्लास्टिक के कैलोरीफिक मान उच्च है। एक किलोग्राम प्लास्टिक जलाने से 38 मेगाजूल ऊर्जा उत्पन्न होती है, जबकि 1 किलोग्राम कोयला से 31 मेगाजूल ऊर्जा उत्पन्न होती है। स्पष्ट है कि ऊर्जा स्रोत के रूप में प्लास्टिक कचरा कोयले से श्रेष्ठ है।

इस उष्मा का उपयोग बिजली उत्पन्न करने में ईंधन की तरह किया जा सकता है।

बायोडिग्रेडेबल प्लास्टिक प्रौद्योगिकी

भारतीय कृषि अनुसंधान परिषद् के तिरुअनंतपुरम स्थित केन्द्रीय आलू अनुसंधान संस्थान ने जैव विघटनीय यानि बायो–डिग्रेडेबल

प्लास्टिक के उत्पादन की एक नई प्रौद्योगिकी विकसित की है। इस प्रौद्योगिकी से तैयार पॉलिथीन पौधशाला में पौधों को रखने जैसे विविध कृषि कार्यों, पैकेजिंग के कार्यों तथा एक बार प्रयोग करके फेंके जाने वाली (डिस्पोजेबल) थैलियों के लिए बहुत उपयुक्त है।

यह प्रौद्योगिकी व्यापारीकरण के लिए नेशनल रिसर्च डिवेलपमेन्ट कॉरपोरेशन (एन.आर.डी.सी.) को सौंपी गई है। एन.आर.डी.सी. द्वारा इस नई उत्पादन विधि को देश और विदेश में पेटेंट कराने के लिए आवश्यक कदम उठाए जा चुके हैं।

इस प्रौद्योगिकी को लघु और मध्यम दर्जे के उद्योग आसानी से अपना सकते हैं। परम्परागत प्लास्टिक की तरह इस प्रौद्योगिकी से तैयार प्लास्टिक को भी संसाधित किया जा सकता है, जैसे – इसे उष्मा से सीलबंद किया जा सकता है, इस पर छपाई की जा सकती है, इसे रंगीन बनाया जा सकता है, आदि। लगभग परम्परागत प्लास्टिक की तरह इस प्लास्टिक के दानों को भंडारित कर सकते हैं और यह पदार्थ मिट्‌टी में दबाने पर विघटित होने लगता है।

इस बायोडिग्रेडेबल प्लास्टिक के उत्पादन के लिए कच्चे माल के तौर पर एल.डी.पी.ई. स्टार्च, कपलिंग एजेंट, जिलेटिनाइजिंग एजेंट और प्लास्टिसाइजरों की आवश्यकता पड़ती है। इस प्रौद्योगिकी का व्यापारिक स्तर पर सफल परीक्षण किया जा चुका है और अब तक इसके व्यापारिक उत्पादन के लिए देश की चार कंपनियों को एन.आर.डी.सी. द्वारा लाइसेंस दिया जा चुका है। अतः इस प्रकार की प्रौद्योगिकी के प्रचार–प्रसार एवं जन चेतना से प्लास्टिक जनित पर्यावरणीय समस्या का समाधान संभव है।

पर्यावरण संरक्षण अधिनियम

पर्यावरण तथा वन मंत्रालय द्वारा पर्यावरण (प्रोटेक्शन) एक्ट 1986 के अंतर्गत पुनर्चक्रित प्लास्टिक के निर्माण एवं उपयोग से संबंधित नियमों को 2 सितंबर 1999 में लागू किया गया जिसमें कैरी बैगों के निपटान से उत्पन्न होने वाली पर्यावरणीय समस्याओं तथा तुरंत प्रयोग में लाए जाने वाले खाद्य पदार्थों की पैकिंग में प्रयुक्त पुनर्चक्रित प्लास्टिक द्वारा स्वास्थ्य पर न्यूनतम प्रभाव पर बल दिया गया है। इस अधिनियम की निम्नांकित मुख्य विशेषताएँ हैं –

1. 20 माइक्रॉन (0.2 मिमी.) से कम मोटाई वाली प्लास्टिक की थैलियां बनाने, रखने, बेचने अथवा प्रयोग करने पर पूर्णतः प्रतिबंध लगाया गया है। इस नियम का उल्लंघन करने वाले को 3 से 12 माह की कैद और 25 हजार रूपये जुर्माने का प्रावधान है।
2. पुनर्चक्रित प्लास्टिक से बनाई गई थैलियों को विभिन्न रंग का बनाया जाए और उनको तुरंत उपयोग में आनेवाले खाद्य पदार्थों की पैकिंग के लिए प्रयोग न किया जाए।
3. प्लास्टिक के पुनर्चक्रण की प्रक्रिया पूर्णतः भारतीय मानक ब्यूरों के अनुरुप होनी चाहिए।
4. नए प्लास्टिक के दानों से बने केरीबैग पारदर्शी या सफेद होने चाहिए।

इस तरह 8'' x 12'' आकार से कम की थैलियों को बेचना या प्रयोग करना प्रतिबंधित है। इसका कारण यह है कि बड़े आकार के प्लास्टिक बैगों की कीमत अधिक होने से उनका प्रयोग कम होगा। क्योंकि इनका मूल्य ग्राहक को ही देना पड़ सकता है। इसके साथ ही कचरा बीनने वाले उसे एकत्र करके और विक्रय करके अपनी आजीविका चला सकते हैं। राष्ट्रीय प्लास्टिक अपशिष्ट प्रबंधन टास्क फोर्स (पर्यावरण एवं वन मंत्रालय) ने इंडियन सेंटर फॉर प्लास्टिक इनवायरनमेंट (आई सीपीएफ) व्यवसायीकरण को मान्यता दे दी है। प्लास्टिक का पुनर्चक्रण लघु गृह उद्योग के रूप में कम पूंजी लागत से संपन्न होने वाला व्यवसाय है।

अपशिष्ट प्लास्टिक नियम – 2016

भारत सरकार के पर्यावरण, वन और जलवायु परिवर्तन मंत्रालय ने 18 मार्च 2016 को अपशिष्ट प्लास्टिक नियम 2016 को अधिसूचित किया। इसका प्रमुख उद्देश्य पूर्व के नियमों को अधिक कारगर ढंग से लागू करना, प्लास्टिक अपशिष्ट को न्यूनतम करना, स्रोत पर पृथक्करण और पुनर्चक्रण पर बल देना, प्लास्टिक अपशिष्ट के एकत्रीकरण में अपशिष्ट बीनने वालों, पुनर्चक्रकों और अपशिष्ट संसाधकों को शामिल करना और अपशिष्ट प्रबंध प्रणाली की दीर्घकालिक दृष्टि से समीक्षा करना है। ये नियम प्रत्येक अपशिष्ट उत्पादक, शहरी स्थानीय निकाय, ग्राम पंचायत

विनिर्माता और उत्पादक पर लागू हैं। केन्द्र सरकार द्वारा अधिसूचित निर्यातक और विशेष आर्थिक जोन की इकाइयों पर ये नियम लागू नहीं होंगे।

वस्तुतः प्लास्टिक का आशय ऐसी सामग्री है जो उच्च पॉलिमर, जैसे पॉलिएथिलीन टेरैफ्थलेट, उच्च घनत्व, पॉलिएथिलीन, विनाइल, कम घनत्व पॉलिएथिलीन, पॉलिप्रोपिलीन, पॉलिस्टायरीन रेजिन, एक्राइलोनाइट्राइल ब्यूटाडाइन स्टाइरीन जैसी बहुसामग्री पॉलिफेनिलीन ऑक्साइड, पॉलिकार्बोनेट, पॉलिब्यूटीलीन टैरेफ्थलेट जैसे पदार्थों से निर्मित हो।

इस नियम के अंतर्गत, कैरीबैग और प्लास्टिक पैकेजिंग या तो प्राकृतिक रंग में होंगे जो किसी रंजक से रहित हों या केवल उन्हीं रंजकों का उपयोग होगा जो भारतीय मानक : आई एस 9833 : 1981 के अनुरूप हो। पुनर्चक्रित प्लास्टिक से बने कैरी बैग या पुनर्चक्रित प्लास्टिक से बने उत्पादों का प्रयोग खाने या पीने के लिए तैयार खाद्य सामग्री का भंडारण करने, वहन करने, वितरण करने या पैकेजिंग के लिए नहीं किया जाएगा। पुनर्चक्रित प्लास्टिक से बने किसी कैरी बैग की मोटाई पचास माइक्रोन से कम नहीं होगी। गुटखा, तम्बाकू और पान मसाला के भंडारण, पैकेजिंग या बिक्री हेतु प्लास्टिक सामग्री युक्त सेशै का प्रयोग नहीं किया जायेगा। विनिर्माता सबंद्ध राज्य प्रदूषण नियंत्रण बोर्ड या प्रदूषण नियंत्रण समिति से विधिमान्य पंजीकरण न रखने वाला उत्पादक कच्ची सामग्री के रूप में प्रयोग होने वाले प्लास्टिक को न तो बेचेगा, न ही उपलब्ध कराएगा और न ही इसका प्रबंधन करेगा।

शहरी या स्थानीय निकायों की यह जिम्मेदारी है कि वह ऐसा प्लास्टिक अपशिष्ट जिसे पुनर्चक्रित किया जा सकता हो, को पंजीकृत प्लास्टिक अपशिष्ट पुनर्चक्रकों को पहुंचाएगा। शहरी स्थानीय निकाय प्लास्टिक अपशिष्ट के प्रयोग भारतीय रोड़ कांग्रेस के दिशा–निर्देशों के अनुसार सड़क निर्माण करने या पुनः ऊर्जा प्राप्त करने या वेस्ट टू ऑयल आदि के लिए प्रोत्साहित करेंगी।

स्थानीय निकाय स्वयं या अभिकरण या उत्पादक लगाकर प्लास्टिक अपशिष्ट के पृथक्करण या एकत्रीकरण, भंडारण, परिवहन, प्रसंस्करण और व्ययन की अंवसंरचना को विकसित करने और स्थापना के लिए उत्तरदायी होगा। स्थानीय निकाय यह सुनिश्चित करेगा कि इस दौरान पर्यावरण को कोई हानि न पहुंचे। इस संबंध में जन जागृति उत्पन्न

करने के साथ साथ वह यह भी सुनिश्चित करेगा कि प्लास्टिक अपशिष्ट को खुले में न जलाया जाए।

इसी प्रकार ग्राम पंचायतों के दायित्व भी वहीं हैं जो शहरी निकायों के हैं। वे अपशिष्ट को कम करने और स्रोत पर पृथक करने के प्रयास करेंगे। प्लास्टिक अपशिष्ट को न बिखरने देंगे और स्रोत पर अपशिष्ट का पृथक भंडारण कर निकाय को सौपेंगे।

प्लास्टिक कचरे का सदुपयोग (कचरे से कंचन)

वस्तुतः प्लास्टिक का उपयोग इतना व्यापक हो चुका है कि इसके बिना लोगों को कठिनाई होती है। फरवरी 2017 में फेडरेशन ऑफ इंडियन चैंबर्स ऑफ कॉमर्स एंड इंडस्ट्रीज (फिक्की) की प्रकाशित रिपोर्ट के अनुसार प्लास्टिक उद्योग अब देश में संधारणीय (सस्टेनेबल) इन्फ्रास्ट्रक्चर निर्माण का सबसे बड़ा माध्यम हो गया है। विश्व में प्रति व्यक्ति प्लास्टिक का उपयोग 28 किलोग्राम हैं, जबकि भारत में 11 किलोग्राम प्रति व्यक्ति है। जितनी प्लास्टिक की व्यापकता है तो पर्यावरणीय समस्या तो बढ़नी अवश्यम्भावी है।

वैज्ञानिकों का ध्यान प्लास्टिक के कचरे का सदुपयोग कैसे करें? इस और गया और उन्होंने कई तरीके खोजे जिससे इस समस्या का समाधान हो रहा है। इस विषयक रोचक जानकारी निम्नलिखित है।

चित्र–59. प्लास्टिक वेस्ट से बनी जर्सी पहने खिलाड़ी

1. प्लास्टिक के कचरे से, पेट बोतलों और डिब्बों से जो पॉलीस्टर फैब्रिक उपयोग होता है, उसी से बनी जर्सी पहनकर भारतीय क्रिकेट टीम ने वर्ष 2015 के वर्ल्ड कप में भाग लिया था। इस तथ्य की पुष्टि सीएसआईआर की राष्ट्रीय रासायनिक प्रयोगशाला, पुणे के पॉलीमर विभाग के अध्यक्ष ने की थी (चित्र–59)। इस जर्सी की गुणवत्ता इतनी अच्छी है कि भारतीय टीम के खिलाड़ी अब तक प्लास्टिक कचरे से बने फाइबर के कपड़े पहन रहे हैं।

भारत में प्लास्टिक कचरे का पुनर्चक्रण करने में बहुत प्रबल संभावनाएँ है। हमारे देश में अब धीरे–धीरे पेट (PET) बोतलों और डिब्बों को लेकर जन जागरूकता बढ़ी है। पेट कचरा को लोग अब कम फेंकते हैं। कबाड़ी वाला इन्हें 8 से 10 रूपये किलो में खरीद लेता है, जिनका पुनर्चक्रण करके प्लास्टिक के पेलेट और फैब्रिक का निर्माण हो रहा है। राष्ट्रीय रासायनिक प्रयोगशाला, पुणे ने फरवरी 2017 में जारी अपने प्रतिवेदन में बताया था कि भारत में प्रतिवर्ष 900 किलो टन पेट का निर्माण होता है, जिसका 90 प्रतिशत भाग पुनर्चक्रित (रिसाइकल) हो जाता है, जबकि जापान में पेट वेस्ट की रिसाइकिलिंग 72.1 प्रतिशत, यूरोप में 48.3 और अमेरिका में 31 प्रतिशत ही हो पा रही है।

2. **प्लास्टिक कचरे से ईंधन की स्वेदशी तकनीक** – भारतीय वैज्ञानिकों ने अपनी दक्षता और विद्वता का प्रयोग कर प्लास्टिक के कचरे से पेट्रोल–डीजन बनाने की स्वदेशी तकनीक खोज ली है। अगस्त 2017 में प्राप्त जानकारी के अनुसार काउंसिल फॉर साइंटिफिक एंड इंडस्ट्रियल रिसर्च (सीएसआईआर) टेक्नोलॉजी ने एक उत्प्रेरक की खोज की है, जिसकी सहायता से प्लास्टिक वेस्ट को पेट्रोल–डीजल में बदला जा सकता है। इसी प्रकार सीएसआईआर के देहरादून के इंडियन इंस्टीट्यूट ऑफ पेट्रोलियम ने गैस अथॉरिटी ऑफ इंडिया लिमिटेड के साथ मिलकर पॉलीइथेलिन (पॉलीथीन) और पॉलीप्रोपिलीन जैसे प्लास्टिक से डीजल और पेट्रोल बनाने की प्रक्रिया विकसित की है। इस नई तकनीक से एक किलोग्राम पॉलीथीन और पॉलीप्रोपिलीन को पुनर्चक्रित करके 600–650 मिलीलीटर पेट्रोल या 700–750 मिलीलीटर डीजल बनाने में सफलता प्राप्त हुई है। साथ ही इस प्रक्रिया में एलपीजी लिक्विफाइड पेट्रोलियम गैस भी प्राप्त होती है (चित्र–60)।

चित्र–60. प्लास्टिक के कचरे से बना ईंधन

प्लास्टिक कचरे से पेट्रोल–डीजल बनाने के लिए डेड प्लास्टिक का प्रयोग किया जाता है, अर्थात् ऐसे प्लास्टिक कचरे का, जिसका पुनर्चक्रण भी नहीं किया जा सका है।

प्लास्टिक कचरे से ईंधन बनाने के कुछ व्यक्तिगत प्रयास

प्लास्टिक कचरे से पेट्रोल बनाने में हैदराबाद के यांत्रिक इंजीनियर सतीश ने एक छोटा सा रिएक्टर बनाया। रिएक्टर में सतीश ने ऐसे प्लास्टिक कचरे को जलाया, जिसे पुनर्चक्रण तक नहीं किया जा सकता था। प्लास्टिक कचरे को कतरन में बदलकर जलाने के लिए उन्होंने उसे वाष्पीकरण (वेपराइजेशन) के जरिए तरल पदार्थ में बदला। उस तरह पदार्थ का परीक्षण किया, तो मालूम हुआ कि इसमें डीजल, पेट्रोल, विमान ईंधन तथा केरोसीन है और कुछ नहीं।

सतीश का यह प्रयोग अगस्त 2015 में सफलता से पूरा हुआ। और उन्होंने अपने बनाये उपकरणों को नये भवन में स्थानान्तरित किया। बिना मशीनरी आयात किए, स्वयं के बनाए उपकरणों से जनवरी 2016 से उन्होंने प्लास्टिक के कचरे की प्रोसेसिंग बड़े पैमाने पर शुरू कर दी।

आज हैदराबाद में सतीश की कंपनी 'हाइड्रॉक्सी सिस्टम्स प्राइवेट लिमिटेड' का अच्छा–खासा बड़ा सा संयंत्र है, जहाँ वे हर महीने 30 टन प्लास्टिक से पेट्रोल–डीजल बना रहे हैं। सतीश के अनुसार, उनके संयंत्र में 500 किलोग्राम प्लास्टिक के कचरे से 350 लीटर डीजल, 120 लीटर हवाई जहाज का ईंधन और 40 लीटर पेट्रोल प्राप्त होता है। उनके संयंत्र में न तो पानी का इस्तेमाल होता है और न ही धुआँ उगलने वाली कोई चिमनी लगी है। चिमनी की जरूरत ही नहीं है, क्योंकि वे जिस तकनीक से प्लास्टिक कचरा जलाकर डीजल–पेट्रोल बनाते हैं, उससे प्रदूषण नहीं फैलता। उनकी कंपनी में प्लास्टिक कचरे से तैयार होने वाला ईंधन सौ प्रतिशत 'ग्रीन फ्यूल' है। उनकी कंपनी को पॉल्यूशन कंट्रोल बोर्ड ने जाँच के बाद मंजूरी दी है। उनकी कंपनी में प्लास्टिक से जो पेट्रोल–डीजल बनता है, उसके ग्राहक स्थानीय लोग और औद्योगिक इकाइयाँ भी हैं। स्वयं सतीश अपनी कार चलाने के लिए अपने ही संयंत्र में बना पेट्रोल इस्तेमाल कर रहे हैं। उनको पेट्रोल बेचने के लिए पेट्रोलियम मंत्रालय से लाइसेंस लेने की जरूरत भी नहीं पड़ी, क्योंकि प्लास्टिक के कचरे से बनने वाला पेट्रोल–डीजल भारत की जैविक ईंधन नीति के तहत जैविक–कृत्रिम ईंधन (बायो सिंथेटिक फ्यूल) के दायरे में आता है। प्लास्टिक कचरे से जो पेट्रोल सतीश बनाते हैं, उसे 55 रूपये लीटर की दर से बेचते हैं। पेट्रोल पंपों पर औसतन 70 रूपए लीटर बिकने वाले पेट्रोल जैसा ही गुण और कीमत 55 रूपये लीटर। सतीश के संयंत्र में बना डीजल भी बाजार से बहुत सस्ता है। अपने पहले संयंत्र की कामयाबी के बाद अब सतीश अपने कारोबार का विस्तार करने में जुटे हैं। उनका लक्ष्य 500 किलोमीटर क्षमता का संयंत्र बनाना है।

सतीश जिस तकनीक से पेट्रोल–डीजल बना रहे हैं, उसकी एक और खासियत है। इस तकनीक में उसी प्लास्टिक कचरे का इस्तेमाल किया जाता है, जिसकी रिसाइकिलिंग भी संभव नहीं होती। इससे सतीश को प्लास्टिक का कचरा ढूँढने में ज्यादा मेहनत नहीं करनी पड़ती। उन्होंने बताया कि वे प्लास्टिक रिसाइकलिंग करने वाली कंपनियों के सम्पर्क करते हैं और उनसे 'डेड प्लास्टिक वेस्ट' खरीद लेते हैं। प्लास्टिक का जो कचरा किसी के भी काम का नहीं, जो सिर्फ समस्या है, वहीं प्लास्टिक कचरा सतीश की तरकीब और तकनीक से सोना उगल रहा है। इस काम में सतीश को भारी–भरकम तकनीशियनों की जरूरत भी नहीं पड़ती। उनका संयंत्र सिर्फ 6 लोगों की बदौलत चल रहा है और रोज 1000 किलो कूड़े से 1000 लीटर ईंधन पैदा कर रहा है।

इसी प्रकार केरल के त्रिशुर जिले में वी.एस. श्रीजीत नाम के व्यक्ति ने प्लास्टिक कचरे से पेट्रोल बनाने का प्लांट बनाया है। वी.एस. श्रीजीत ने कई वर्ष तक ठोस कचरा प्रबंधन के क्षेत्र में काम किया था। फिलहाल वे कोडंगल्लूर शहर में साइंस सेंटर के डायरेक्टर हैं। साइंस सेटर स्थानीय छात्र–छात्राओं को वैज्ञानिक प्रयोगों के लिए प्रोत्साहन और मार्गदर्शन का काम करता है।

वी.एस. श्रीजीत ने पेरिंजनम पंचायत में प्लास्टिक कचरे से पेट्रोल बनाने का जो प्लांट लगाया, उसमें तापांशन (पाइरोलिसिस) नाम की तकनीक का उपयोग होता है। वस्तुतः तापांशन या पाइरोलिसिस वह तकनीक है, जिसमें एक विशेष चैंबर में किसी वस्तु या पदार्थ को बिना ऑक्सीजन के जलाया जाता है। श्रीजीत ने अपने प्लांट में 10 किलोग्राम प्लास्टिक कचरे से 9.6 लीटर पेट्रोल और दूसरे पेट्रोलियम पदार्थ का उत्पादन करने में कामयाबी हासिल की। इस प्लांट में उन्होंने प्लास्टिक जलाने के लिए एलपीजी का इस्तेमाल किया। चूँकि श्रीजीत प्लास्टिक से पेट्रोल बनाकर पर्यावरण बचाने का प्रयास कर रहे हैं, इसलिए उन्होंने तय किया है कि अपने संयंत्र (प्लांट) को वे बायोगैस से चलाएँगें।

प्लास्टिक कचरे से दूर होगी पेट्रोल की दिक्कत

इस तकनीक का उपयोग करने के बाद प्लास्टिक कचरा कितने बड़े पैमाने पर कमाल दिखा सकता है, इसका बड़ा रोचक आँकड़ा प्रधानमंत्री की वेबसाइट `www.mygov.in' पर दिया गया है। ऐसी मान्यता है कि अगर भारत में विकसित प्लास्टिक से डीजल–पेट्रोल बनाने के लिए 50 टन क्षमता के 2 प्लांट लगाए जाएँ तो रोज 100 टन प्लास्टिक कचरे से मुक्ति मिलेगी। इससे 80 हजार लीटर डीजल का उत्पादन प्रतिदिन होगा। अगर ये प्लांट एक साल में 350 दिन चलाए जाएँ तो साल में 2 करोड़ 80 लाख लीटर डीजल बनेगा। यदि यह आज के औसत रेट की बात की जाए तो डीजल 65 रूपये लीटर बिक रहा है। प्लास्टिक के कचरे से डीजल की उत्पादन लागत ज्यादा से ज्यादा 25 रूपये लीटर होगी। इस हिसाब से देखें तो प्लास्टिक के कचरे से 100 टन क्षमता में प्लांट में जो 2 करोड़ 80 लाख डीजल बनेगा, उसकी लागत 70 करोड़ रूपए ही होगी, जबकि अभी हम उतना ही डीजल 154 करोड़ रूपे में खरीद रहे हैं।

भारत में अब तक जितने लोगों ने भी प्लास्टिक कचरे से डीजल–पेट्रोल बनाने में सफलता हासिल की है, उन सबका मानना है कि प्लास्टिक कचरे की जितनी भी मात्रा होगी, उसके 70 से 80 प्रतिशत हिस्से को पेट्रोलियम उत्पाद में बदला जा सकता है। केन्द्रीय प्रदूषण नियंत्रण बोर्ड ने 2013 में एक बताया था कि भारत में रोजाना 15 हजार 342 टन प्लास्टिक कचरा फेंका जाता है। इसमें से 60 प्रतिशत हिस्से की रिसाइकिलिंग हो पाती है, बाकी का 40 फीसदी प्लास्टिक कचरा धरती को, शहरों के सीवर सिस्टम को, नदियों को एवं सागर को प्रदूषित करने के लिए वैसे ही फेंक दिया जाता है। अब अगर हम उस 40 प्रतिशत प्लास्टिक कचरे को पेट्रोल में बदलने में सफल हो जाएँ तो इसका सीधा तात्पर्य यहीं होगा कि हम 2013 के आँकड़े के आधार पर रोज 6136 टन प्लास्टिक को रिसाइकिल कर सकेंगे। उससे पेट्रोलियम पदार्थ बना सकेंगे। प्लास्टिक से डीजल–पेट्रोल की प्राप्ति की दर अगर हम 70 प्रतिशत भी मान लें तो 6136 टन प्लास्टिक कचरे से रोज 4296 किलो लीटर डीजल का उत्पादन संभव है।

आयरलैण्ड की कामयाबी

प्लास्टिक से पेट्रोल–डीजल बनाने की कल्पना यर्थाथ ही है। भारत के लिए ये नया अजूबा हो सकता है, लेकिन आयरलैंड में प्लास्टिक कचरे से 2010 से ही पेट्रोल–डीजल और केरोसिन का औद्योगिक उत्पादन हो रहा है। आयरलैंड में प्लास्टिक से पेट्रोल–डीजल बनाने का काम 'सायनार' नाम की कंपनी ने शुरू किया था। शुरूआत में कंपनी के प्लांट में 10 टन प्लास्टिक के कचरे की प्रोसेसिंग शुरू हुई। सायनार के प्लांट में एक टन प्लास्टिक कचरे से 700 लीटर डीजल, 200 लीटर पेट्रोल और 100 लीटर डीजल का उत्पादन होता था। उसी वर्ष यानि 2010 में ही सायनार कंपनी के ब्रिटेन की प्रमुख रिसाइकलिंग और रिसोर्स मैनेजमेन्ट कंपनी सीटा यूके ने करार किया। ब्रिटेन में सायनार और सीटा यूके ने साझा तौर पर 10 प्लांट बनाने का समझौता किया, जहाँ 60 हजार टन प्लास्टिक कचरे की प्रोसेसिंग प्रस्तावित थी। सायनार कंपनी वर्तमान में आयरलैंड के पोर्ट लुईस और स्पेन के एल्मीरा तथा सेविले में प्लास्टिक कचरे से पेट्रोल–डीजल बनाने का काम बहुत कामयाबी से कर रही है (चित्र–61)।

चित्र–61. आयरलैंड की सायनार कंपनी का प्लास्टिक कचरे से ईंधन बनाने का संयंत्र

3. प्लास्टिक कचरे से सड़क निर्माण – भारत में प्लास्टिक कचरे से मुक्ति पाने हेतु एक सस्ती तकनीक मौजूद है। वर्ष 2002 में तमिलनाडु के मदुरै शहर में त्यागराजर कॉलेज ऑफ टेक्नोलॉजी में रसायन विज्ञान के प्रो. राजगोपालन वासुदेवन ने प्लास्टिक के कचरे से सड़क बनाने का प्रयोग किया। उन्होंने अपने कॉलेज के परिसर की सड़क में प्लास्टिक कचरे का उपयोग किया और सिद्ध किया कि अगर तारकोल के साथ एक विशिष्ट अनुपात में प्लास्टिक का कचरा भी मिला लिया जाए, तो सड़क अधिक मजबूत और टिकाऊ बन सकती है। वर्ष 2006 में त्यागराजर इंजीनियरिंग कॉलेज को इस तकनीक का पेटेंट भी प्राप्त हो गया, जिसे प्रो. वासुदेवन ने देश को समर्पित किया (चित्र–62)।

इस तकनीक में प्लास्टिक के कैरीबैग, प्लास्टिक के कप, प्लास्टिक की बोतल, चिप्स, बिस्कुट और चॉकलेट के खाली रैपर या किसी भी किस्म की प्लास्टिक का उपयोग सड़क बनाने में किया जा सकता है। इस तकनीक में सबसे पहले प्लास्टिक कचरे को साफ करके श्रेडिंग मशीन से उसे छोटे–छोटे टुकड़ों में काटकर कतरन जैसा बना दिया जाता है। फिर प्लास्टिक की उन कतरनों को 165° सें. तापमान पर गरक करके पिघला दिया जाता है। पिघले हुए प्लास्टिक को

बिटुमीन यानी तारकोल में मिलाया जाता है। बाद में तारकोल के उसी मिश्रण में कंक्रीट मिलाकर सड़क पर बराबर फैलाकर उस पर 8 टन वजनी रोलर चलाया जाता है।

चित्र–62. तमिलनाडु में प्लास्टिक कचरे से बनी सड़क

वस्तुतः तारकोल की सड़क खराब होने का प्रमुख कारण पानी है। यदि तारकोल में प्लास्टिक का कचरा मिला दिया जाए तो तारकोल और कंक्रीट मजबूती से एक–दूसरे से जुड़ जाते हैं। इससे सड़क पर जल भराव होने पर भी सड़क खराब नहीं होती है। यह प्रयोग तमिलनाडु राज्य की कई सड़कों पर हुआ तथा सफल भी हुआ। यह सुखद समाचार है कि तमिलनाडु राज्य में वर्ष 2012 से 2017 के मध्य प्लास्टिक कचरे को तारकोल में मिलाकर एक हजार किलोमीटर सड़कें बनाई जा चुकी है। एक आकलन के अनुसार तमिलनाडु में अब तक 1600 टन से भी अधिक प्लास्टिक कचरा सड़क बनाने में काम आ चुका है।

हमारे देश में भारत सरकार की प्रधानमंत्री ग्राम सड़क योजना के लिए यह नियम भी बना दिया गया है कि 60 माइक्रोन तक मोटाई वाली पॉलीथीन और कप, हार्ड और सॉफ्ट फोम, चॉकलेट, बिस्कुट, चिप्स इत्यादि के रैपर का प्रयोग सड़क बनाने में अनिवार्य रूप से किया जाए।

उत्तराखंड और महाराष्ट्र में सड़क बनाने में प्लास्टिक के कचरे का उपयोग अनिवार्य करने के आदेश जारी कर दिए है।

इसी प्रकार हिमाचल प्रदेश में भी केन्द्रीय प्रदूषण नियंत्रण बोर्ड की सहायता से प्लास्टिक की पन्नियों को चक्रित करके सड़क निर्माण में उपयोग किया जा रहा है (चित्र–63)।

चित्र–63. पन्नियों को चक्रित करके सड़क निर्माण

जर्मनी में प्लास्टिक के कचरे से बिजली का उत्पादन किया जा रहा है तथा कई अन्य प्रदेशों में पन्नियों को चक्रित करके खाद भी बनायी जा रही है।

4. पानी की बेकार बोतलों से उपयोगी उत्पाद– प्लास्टिक प्रदूषण से निजात पाने हेतु जोधपुर के उद्यमियों ने इससे आय का साधन ढूंढ लिया हैं। प्रायशः पीने के पानी की प्लास्टिक बोतल जो हम 15 से 20 रूपये में खरीदकर बाद में फेंक देते हैं, जोधपुर हैंडीक्राफ्ट एक्सपोर्टर्स उन बोतलों से उपहार (गिफ्ट) और सजावटी (डेकोरेटिव) हैंडीक्राफ्ट के सामान बना रहे हैं। इन उत्पादों को वे दो से 20 डॉलर यानी 140 से 1400 रूपये तक में बेच रहे हैं। इस उद्योग के निर्यात का आंकड़ा वार्षिक लगभग 100 करोड़ रूपये पहुंच चुका है। अपशिष्ट या वेस्ट प्लास्टिक का दूसरा उत्पाद पेट यार्न भी यहां तैयार हो रहा है। इससे कालीन (कारपेट) और मेट (चटाई) बनाए जाते हैं, जो अमेरिका और यूरोपियन देशों को निर्यात किए जा रहे हैं।

जोधपुर हैंडीक्राफ्ट एसोसिएशन के अध्यक्ष के अनुसार वेस्ट प्लास्टिक से हैंडीक्राफ्ट तैयार कर नये ईको फ्रेंडली यानी पर्यावरण स्नेही उद्योग की स्थापना यहाँ के उद्यमियों ने कर ली है (चित्र–63) तथा उनकी दक्षता से तैयार किए गए उत्पादों का विदेशों में आयात किया जा रहा है।

चित्र–63. अपशिष्ट प्लास्टिक से प्राप्ति

जोधपुर के निर्यातक वेस्ट प्लास्टिक बोतलों से शो लैंप, प्रतिमाएं, पिग्गी बॉक्स, पैन होल्डर्स, फोल्डर्स और गमले बना रहे हैं। इनकी विदेशों के पाँच सितारा होटलों में (फाइव स्टार होटल) एवं घरों में बहुत मांग है। हमारे देश में भी जोधपुर के इन उद्यमियों द्वारा निर्मित इन उत्पादों की मांग निरन्तर बढ़ रही है।

5. प्लास्टिक कचरे से बने उपकरण से जल शोधन – सीएसआईआर – भारतीय विष विज्ञान अनुसंधान संस्थान, लखनऊ के वैज्ञानिकों ने प्लास्टिक के कचरे के उपयोग से कम लागत वाला चुम्बकीय रूप से संवेदनशील उपकरण विकसित किया है जो पानी में उपस्थित एंटीबायोटिक सीफ्लेक्सिन को हटाने में सक्षम है। इस नए विकसित अवशोषित पदार्थ का पुनः उपयोग भी किया जा सकता है। यह सूक्ष्म प्रदूषकों को हटाने के लिए कुशल अवशोषक के रूप में कार्य करता है।

प्लास्टिक के उपयोग को कैसे कम करें?

अनके कारणों से आज के परिप्रेक्ष्य में सामान्य नागरिकों का पर्यावरण के प्रति जागरूक होना बहुत आवश्यक हो गया है। प्लास्टिक प्रयोग को हम निम्न तरीके अपनाकर कम कर सकते हैं –

1. आज बाजार में ढेरों ऐसी प्लास्टिक की वस्तुएं उपलब्ध है जो 'प्रयोग करो और फेंको' (Use and throw) के सिद्धान्त पर बनी है, ऐसी वस्तुओं का बहिष्कार करना चाहिए।
2. प्लास्टिक बैग्स या पॉलीथीन की जगह कपड़े के थैले या जूट के थैले का प्रयोग करना चाहिए (चित्र–64)।

चित्र–64. प्लास्टिक की थैलियों के स्थान पर कपड़े का थैले

3. दुकानदारों को प्लास्टिक के विकल्प के रूप में जूट और कागज के बने थैले सस्ती कीमत पर उपलब्ध कराने चाहिए।
4. प्लास्टिक के प्रयोग को निरूत्साहित करने के लिए स्कूल, कॉलेज तथा सामुदायिक स्तर पर जन जागरूकता कार्यक्रम चलाये जाने चाहिए।
5. मानक के विपरीत पॉलीथीन का उत्पादन/व्यापार करने वालों के विरूद्ध कठोर दंडात्मक कार्रवाही करनी चाहिए तथा प्लास्टिक निर्माण करने वाली फैक्ट्रियों पर कड़ी नजर रखनी चाहिए।
6. प्लास्टिक को इधर–उधर फेंकने के बजाय इसे पुनर्चक्रण हेतु भेजना चाहिए।
7. इसके उपयोग के पहले स्वविवेक के आधार पर आवश्यकता तथा निर्भरता की स्थितियों का अवलोकन कर लेना चाहिए। आज आवश्यकता ही निर्भरता में बदलती जा रही है।
8. प्रायशः व्यक्ति का अन्दर से ही प्रयास सार्थक होता है। अतः चेतना जाग्रत् करके प्लास्टिक का पर्यावरण में प्रवेश रोकने का प्रयास करना चाहिए।
9. एक बार प्रयुक्त होने वाले प्लास्टिक उत्पादों का कम से कम प्रयोग करें।
10. प्लास्टिक कचरे को घरेलू कचरे से अलग रखें और प्लास्टिक कचरा बीनने वालों के हाथ बेच देना चाहिए।
11. रेल या वायुयान में प्रयोग होने वाले पेय पदार्थों की बोतलों को एकत्रित करके पुनर्चक्रित करना चाहिए।
12. प्लास्टिक के प्यालों के स्थान पर काँच या कुल्हड़ का प्रयोग करना उपादेय हो सकता है।

पॉलिथीन के प्रचलन को कैसे रोका जाए?

इस देशव्यापी समस्या के लिए हमें एकजूट होकर कार्य करना होगा जिसमें आम आदमी से लेकर सरकार की भी अहम भूमिका होती है। पॉलिथीन के प्रचलन को रोकने हेतु सुझाव निम्नवत् है–

(अ) घरेलू स्तर पर – शादी, पार्टी एवं अन्य धार्मिक तथा सामाजिक आयोजनों में पॉलिथीन की प्लेट, कप, कटोरी के स्थान पर कागज की प्लेट, दोना, पत्तल एवं मिट्टी के कुल्हड़ में खाद्य सामग्री परोसी जाए। शिशुओं के खिलौने पुनर्चक्रित प्लास्टिक के बने हुए होते हैं। अतः इन्हें नहीं खरीदें।

(ब) पाठशाला स्तर पर – शिक्षकों द्वार विद्यार्थियों को पॉलिथीन के उपयोग एवं इसके कचरे से पर्यावरण प्रदूषण और स्वास्थ्य हानि के प्रति जागरूक किया जाए। इसके लिए बच्चों को प्रदूषित क्षेत्रों में भ्रमण हेतु ले जाया जाए तथा शुद्ध क्षेत्र का भी अवलोकन करवाया जाए।

(स) पंचायत, नगर निगम स्तर पर – स्थानीय प्रशासन द्वारा पॉलिथीन उपयोग से होने वाले नुकसानों के प्रति जागरूकता लाने के लिए जगह–जगह पोस्टर, होर्डिंग्स लगवाए जाए, संगोष्ठियाँ आयोजित की जाए, श्रव्य–दृश्य माध्यमों का अधिकाधिक उपयोग करके जनमानस में इनके प्रति चेतना जाग्रत् की जाए।

(द) स्वयं सेवी संस्थाओं के स्तर पर – पर्यावरण संरक्षण हेतु कार्यरत स्वयं सेवी संस्थाओं द्वारा गांवों, नगरों, शहरों तथा जागरूकता अभियान चलाए जाए, शिक्षकों के लिए कार्यशालाएँ आयोजित की जाए तथा नुक्कड़ नाटकों के माध्यम से जन साधारण में पॉलिथीन के उपयोग को नहीं करने का संदेश प्रसारित किया जाए। स्वयं सेवी संगठनों/संस्थाओं द्वारा ब्रेड, दूध, मक्खन, पान–मसाला, खिलौने तथा बच्चों की पुस्तकों को पॉलिथीन प्रयोग से पूर्णतः मुक्त करने की मांग की जाए।

गोवा का प्रेरणास्पद अभियान

हमारे देश में गोवा एनवायरनमेंट फेडरेशन ने 2 अक्टूबर 2000 को प्लास्टिक मुक्त गोवा (Plastic Free Goa) अभियान चलाया जिसमें विद्यार्थियों, नगरनिगम के प्राधिकारी, स्थानीय नागरिकों, होटल व्यवसायी, पंचायत, उद्यमी, स्वयं सेवी संस्थाएं, विभिन्न सरकारी विभागों सक्रियता से भाग लेकर इस अभियान को सफल बनाया तथा जन जागरूकता हेतु विभिन्न पोस्टर प्रतियोगिताएं, रेलियां, अपशिष्ट प्लास्टिक एकत्रित करने की सुविधा एवं जनमानस में प्लास्टिक मुक्त गोवा का संदेश देकर इसे सार्थक बनाया (चित्र–65)।

चित्र–65. प्लास्टिक का विकल्प

जीरो वेस्ट कोवालम

कुछ समय पूर्व केरल का कोवालम समुद्री तट पर प्लास्टिक दृश्य प्रदूषक के रूप में था जिसके कारण पर्यटन, होटल व्यवसाय, नगर निगम एवं अन्य सरकारी विभाग परेशान थे। इस समस्या के निदान हेतु वहाँ की स्वयं सेवी संस्था थानल (Thanal) ने शिल्पीकारों के साथ कार्य कर स्थानीय महिलाओं को नारियल की खोल, छिलका (Shells), जो कि अपशिष्ट होते हैं, उनसे कप, चम्मच एवं अन्य उत्पाद बनाने हेतु प्रशिक्षित किया। इस विकल्प से प्लास्टिक से होनी वाली हानियों से मुक्ति मिली, रोजगार मिला तथा प्लास्टिक एवं नारियल खोल, जो अपशिष्ट (वेस्ट) थे उनसे भी मुक्ति मिली। आज कोवालम समुद्री तट सबसे साफ–सुथरा एवं स्वच्छ समुद्री तट है। उन्होंने एक नारा दिया "नो प्लास्टिक बैग्स" (चित्र–66)।

चित्र–66. नो प्लास्टिक बैग्स

हिमाचल सरकार की पहल

हिमाचल प्रदेश सरकार ने उपयोग की गई प्लास्टिक को फैंकने पर प्रतिबंध लगाया है। इसी प्रकार केरल सरकार ने भी कुछ धार्मिक स्थानों पर प्लास्टिक ले जाने पर भी प्रतिबंध लगाया है। हिमाचल सरकार के एच.पी. नॉन–बायोडिग्रेडेबल गार्बेज (कंट्रोल) एक्ट 1995 के अनुसार सार्वजनिक स्थानों पर प्लास्टिक कचरे को फेंकना निषिद्ध है तथा सामान्य से जैव विघटित न होने वाले कचरे को अलग करने के लिए सुविधाजनक स्थानों पर अलग से एकत्रीकरण की व्यवस्था करने का प्रावधान है। इस अधिनियम के तहत कानून का उल्लंघन करने वालों के लिए स्थानीय प्रशासन द्वारा दंड का भी प्रावधान है। रंगीन पॉलिथीन – थैलों का इस्तेमाल जम्मू एवं कश्मीर, मुंबई, उत्तरांचल में गढ़वाल तथा नोएड़ा में प्रतिबंधित है। देश की राजधानी दिल्ली में भी इस तरह की योजना विचाराधीन है।

पर्यावरण एवं वन मंत्रालय ने केन्द्रीय प्रदूषण नियंत्रण बोर्ड द्वारा विकसित पर्यावरण सम्मत प्लास्टिक उत्पादों के लिए निर्धारित मानदंड़ों को अधिसूचित किया है। हाल ही में पर्यावरण एवं वन मंत्रालय ने 'रिसाइकिल्ड प्लास्टिक यूसेज रूल्स, 1998' को भी अधिसूचित किया है। इसके अनुसार पुनःचक्रित प्लास्टिक से बने बैग और कंटेनर को प्रिवेंशन ऑफ फूड एंड एडल्टरेशन एक्ट, 1954 के प्रावधानों का पालन करना आवश्यक है। बैग और कंटेनर में रंगों का इस्तेमाल नहीं किया जा सकता है और बेग की न्यूनतम मोटाई 25 माइक्रोन होनी चाहिए। इसके कचरे का पुनः चक्रण भारतीय मानक ब्यूरो द्वारा निर्धारित विधि IS/4534 : 1998 के अनुसार होना चाहिए। पुनः चक्रित उत्पाद पर रिसाइकिल्ड के साथ पुनः चक्रित भाग का प्रतिशत भी अंकित होना आवश्यक है।

भारत सरकार के प्रिवेंशन ऑफ फूड एडल्टरेशन विभाग ने विभिन्न खाद्य संस्थानों को निर्देश दिया है कि वे खाने की पैकिंग केवल 'फूड–ग्रेड' प्लास्टिक में ही करें। भारतीय मानक ब्यूरो ने प्लास्टिक के पुनः चक्रीकरण के लिए कई दिशा निर्देश और मानदंड बनाए हैं।

जर्मनी भी आगे

जर्मनी में लोगों का पर्यावरण संरक्षण के प्रति विशेष लगाव है। जर्मनी में वर्ष 2017 में 1.3 अरब प्लास्टिक बैग कम प्रयोग किए गए। तथा वर्ष 2016 की अपेक्षा पॉलीथीन की खपत में 33.35 प्रतिशत गिरावट प्रेक्षित की गई। सोसायटी फॉर पैकेजिंग मार्केट रिसर्च के द्वारा प्राप्त सूचना के अनुसार एक जर्मन व्यक्ति ने औसतन 29 प्लास्टिक बैग प्रयोग किए, अर्थात् दो महिने में पाँच पॉलीथीन। इस दौरान देश भर में कुल 2.4 अरब प्लास्टिक बैग प्रयोग किए गए। जर्मनी की अधिकतर दुकानों में प्लास्टिक की जगह कपड़े के थैले का तथा कागज के बैग का उपयोग होता है।

आज ऐसे बहुत कम लोग हैं, जो दवाई की खाली शीशियाँ और बोतलें फेंकते हैं। लौहे और धातु से बने सामान यदि खराब भी हो जाएं तो अधिकतर लोग उसे कूड़ेदान में नहीं फेंकते हैं, नालों में नहीं फेंकते हैं। क्योंकि सबको शीशे तथा धातु की कीमत का अंदाजा है। परन्तु प्रायशः हम पॉलीथीन, प्लास्टिक की बोतलों, बाल या घरेलू कचरे के बारे में ऐसा नहीं सोचते, हमें पता नहीं है कि इनका भी बहुत उपयोग हो सकता है।

प्लास्टिक से बचने का एक ही तरीका है कि इसका उपयोग विशेष परिस्थितियों में, आवश्यक होने पर ही किया जाए। इस प्रकार का प्रयास हिमाचल प्रदेश सरकार ने किया है। प्लास्टिक को कम या प्रतिबंधित करके जूट या कपड़े के थैले, कागज के लिफाफे एवं अन्य उपयोगी वस्तुएं उपयोग में लानी चाहिए। इसी प्रकार होटलों में दोना, चाय के लिए मिट्टी के कुल्हड़ उपयोग करना चाहिए। इसके उपयोग को सीमित करते हुए हमें अन्य विकल्पों के विकास एवं प्रयोग को बढ़ावा देना होगा। अन्यथा इसके पर्यावरण तथा स्वास्थ्य पर पड़ने वाले दुष्प्रभावों को रोकना अत्यन्त कठिन होता जायेगा। अब हमें प्लास्टिक कल्चर की भयावहता से प्रकृति को बचाने के लिए हमें भारतीय जीवन दर्शन के उन मूलभूत सिद्धान्तों, जिसमें सबसे प्रमुख है, प्रकृति के साथ सामंजस्य स्थापित करके जीवन जीने की कला के साथ जीना सीखना होगा। प्लास्टिक के सत्य को उजागर करने के लिए हमें जन चेतना जाग्रत करनी होगी तथा बच्चों को शुरूआत से ही इसके प्रभावों तथा अत्यल्प उपयोग के संस्कार देने होंगे। क्योंकि हमारी छोटी–छोटी समझदारी भरी पहल पर्यावरण को बेहद साफ–सुथरा और तरो–ताजा कर सकती है।

सिपेट–देश का प्लास्टिक विषयक उच्च स्तरीय संस्थान

भारत सरकार ने संयुक्त राष्ट्र विकास कार्यक्रम (UNDP) की सहायता से 1968 में देश में चैन्नई में केन्द्रीय प्लास्टिक अभियांत्रिकी एवं प्रौद्योगिकी संस्थान सिपेट (CIPET) की स्थापना की। इस संस्थान की स्थापना का मुख्य उद्देश्य प्लास्टिक अभियांत्रिकी एवं प्रौद्योगिकी की विभिन्न विशिष्ट शाखाओं में जनशक्ति को विकसित करना था, क्योंकि इसके पूर्व ऐसा कोई संस्थान देश में नहीं था। संस्थान की स्थापना के पहले पांच वर्षों में इसने यूएनडीपी की विश्वव्यापी परियोजनाओं का सफल क्रियान्वयन कर कीर्तिमान स्थापित किया। वर्तमान में सिपेट केन्द्र सरकार के रसायन एवं उर्वरक मंत्रालय के तहत एक प्रमुख संस्थान है जिसके अन्तर्गत कौशल विकास, प्रौद्योगिकी सहायता सेवाएँ, शैक्षणिक एवं अनुसंधान कार्य होते हैं। इस संस्थान का मुख्यालय चैन्नई में है। परन्तु इसकी शाखाएं समूचे देश में अहमदाबाद, अमृतसर, औरंगाबाद, अगरतला, बाडी, बालासोर, बंगलुरु, भोपाल, भुवनेश्वर, चन्द्रपुर, चैन्नई, देहरादून, गुड़गांव, गौहाटी, ग्वालियर, हैदराबाद, हाजीपुर, हल्दिया, इम्पाल, जयपुर, कोच्ची, लखनऊ, मदुरै, मुरथल, मैसूर, रायपुर, राँची, वलसाड़ और

विजयवाड़ा में फैली हुई है जो पॉलिमर तथा संबद्ध उद्योगों की मांग पूरी करती है (चित्र–67)।

चित्र–67. सिफेट संस्थान

सिपेट पॉलिमर विज्ञान एवं प्रौद्योगिकी, उच्च स्तरीय शिक्षा एवं जनशक्ति विकास के क्षेत्र में एक वैश्विक स्तर के संस्थान के रूप में उभरा है। इस संस्थान को प्लास्टिक एवं डिजाइन विकास, विशिष्ट प्रशिक्षण पाठ्यक्रम में ISO 9001 : 2008, QMS, ISO/TEC 17025, ISDO/IEC-17020 प्रमाणीकरण प्राप्त है। इसके अतिरिक्त यह संस्थान युवा बेरोजगारों को रोजगार उपलब्ध करवाने, उद्यमकर्त्ताओं को विभिन्न कौशल विकास प्रशिक्षण कार्यक्रमों के द्वारा प्रोत्साहित भी करता है।यह संस्थान प्लास्टिक तथा अपशिष्ट प्लास्टिक प्रबंधन एवं इसके पर्यावरणीय प्रभावों पर जन जागरूकता बढ़ाने का कार्य भी करता है। यह संस्थान विगत 50 वर्षों से अपने दक्ष एवं अनुभवी वैज्ञानिक अधिकारियों की सहायता से प्लास्टिक उद्योग से जुड़े व्यक्तियों को तकनीकी सेवाएं प्रदान कर रहा है।

भारत सरकार की पर्यावरण नीति को यह संस्थान बहुलक एवं सम्बद्ध उद्योगों में लागू करने हेतु सम्पर्क स्थापित करता है। सिपेट के सभी केन्द्रों का तकनीकी एवं अन्य दृष्टि से आधारभूत तंत्र ही उत्कृष्ट है। तथा उनमें समय–समय पर मशीनों/यंत्रों तथा प्रौद्योगिकियों को

प्लास्टिक एवं सम्बद्ध उद्योगों की आवश्यकतानुसार समुन्नत किया जाता है।

दृष्टि

यह संस्थान पॉलीमर विज्ञान एवं प्रौद्योगिकी के क्षेत्र में संधारणीय विकास हेतु अंतरराष्ट्रीय स्तर के शीर्षस्थ संस्थान के रूप में पहचान बनाना चाहता है।

मिशन

- पॉलिमर विज्ञान एवं प्रौद्योगिकी के क्षेत्र में विशिष्ट शैक्षणिक एवं कौशल विकास प्रशिक्षण कार्यक्रमों के माध्यम से सुयोग्य मानव संसाधन, जिनमें उद्यम क्षमता हो, को पॉलिमर एवं संबद्ध उद्योगों के लिए उपलब्ध करवाना।
- गुणवत्ता प्रबंधन तंत्र के माध्यम से प्लास्टिक उद्योगों के लिए डिजाइन, टूलिंग, प्लास्टिक प्रक्रम, परीक्षण, भरोसेमंद गुणवत्ता एवं निरीक्षण सेवाओं हेतु तकनीकी परामर्शी सेवाएं उपलब्ध करवाना।

सिपेट के उद्देश्य

- सुयोग्य शैक्षणिक योग्यता प्राप्त प्लास्टिक कर्मियों को पॉलिमर विज्ञान एवं प्रौद्योगिकी के क्षेत्र में कौशल एवं उद्यमिता विकास हेतु उपलब्ध करवाना।
- प्लास्टिक प्रक्रम, परीक्षण, गुणवत्ता, निरीक्षण, डिजाइन, सीएडी/सीएएम/सीएई, मापांकन एवं अनुप्रयोग विकास हेतु तकनीकी सहयोग एवं परामर्शीय सेवाएँ उपलब्ध करवाना।
- पॉलिमर एवं प्लास्टिक उद्योगों के लिए उच्च स्तरीय शोध एवं अनुप्रयोग विकास को विभिन्न क्षेत्रों में आवश्यकतानुसार बढ़ावा देना।

प्लास्टिक से संबंधित कुछ शब्द

Plastic - प्लास्टिक, सुघट्य

Plasticity - प्लास्टिकता, सुघट्यता

Plastiarics - प्लास्टिकी, सुघट्यिकी

Plastify (Plasticize) - प्लास्टिकन, सुघट्यन

Plastifier - प्लास्टिककारी, सुघट्यकारी

Plastigel - प्लास्टिक जैल

Plastin - प्लास्टिन

Plastisol - प्लास्टिसॉल

Plastochron - प्लास्टोक्रॉन

Plastograph - प्लास्टोग्राफ, सुघट्यलेख

Plastomer - प्लास्टोमर, सुघट्यक

Plastometer - प्लास्टोमीटर

Plastopal - प्लास्टोपल

Plastification - प्लास्टकीकरण, सुघट्यन, प्लास्टिकन

Plastid - प्लास्टिड

Plastic Viscocity - प्लास्टिक श्यानता

Plastic Sulphur - प्लास्टिक गंधक, सुघट्य गंधक

Plastic fluid - प्लास्टिक तरल, सुघट्य तरल

Plastics - प्लास्टिक की वस्तुएं

Plasticulture - प्लास्टिक उद्योग

Plastic prothetics - प्लास्टिक कृत्रिमांग

Plastic clay - प्लास्टिक मृतिका

Plsticity Index - सुघट्यता सूचकांक

Plasticarve - प्लास्टीकार्व

Plastic buckling - प्लास्टिक आंकुचन

Plastic Crystal - प्लास्टिक क्रिस्टल

Plastic effect - प्लास्टिक प्रभाव

Plastic fabric - प्लास्टिक वस्त्र

Plastic film - प्लास्टिक फिल्म

Plasticised rubber - प्लास्टिकित रबर, सुघट्यित रबर

Plastic medium - प्लास्टिक माध्यम

Plastic resin - प्लास्टिक रेजिन

Plastic state - प्लास्टिक अवस्था

Plastic resistance - प्लास्टिक प्रतिरोध

Plaster - प्लास्टर

Plster model - प्लास्टर मॉडल

Plaster mould - प्लास्टर साँचा

Plaster Coated Yarn - प्लास्टिक लोपित सूत्र

Plastic Collision - प्लास्टिक संघट्ट

Plastic deformation - प्लास्टिक विरूपण

Plastic sol - प्लास्टिक सोल

Plastogamic - प्लास्टोगैमिक

संदर्भ

1. उपयोगी रसायन और जीवन – डॉ. डी.डी. ओझा एवं दिना बेन भट्ट (2012), साईन्टिफिक पब्लिशर्स (इंडिया), जोधपुर
2. कूड़ा–धन, दीपक चौरसिया, प्रभात पेपर बैक्स (2018), आसफ अली रोड़, नई दिल्ली
3. प्लास्टिक प्रदूषण, डॉ शिवगोपाल मिश्र (2010) ओम प्रकाशन, दिल्ली
4. Plastic : A threat to Mankind (2006), Chintan, National Book Trust, India, New Delhi
5. प्लास्टिक का रोचक संसार, एम.बी. सावणे (1998), ज्ञान गंगा, चावड़ी बाजार, दिल्ली
6. विज्ञान पत्रिका, विज्ञान परिषद् प्रयाग प्रकाशन, जून 2004, 2018
7. विज्ञान गंगा पत्रिका, काशी हिन्दू विश्वविद्यालय प्रकाशन 2013, 2015
8. पर्यावरण ऊर्जा टाइम्स पत्रिका, 2013, रायपुर
9. आविष्कार पत्रिका, वर्ष 2014, 2017, 2018, 2019
10. विज्ञान प्रगति पत्रिका, निस्केयर प्रकाशन, नई दिल्ली, वर्ष 2014, 2015, 2018, 2019
11. इलेक्ट्रॉनिकी आपके लिए पत्रिका, वर्ष 2018, आईसेक्ट, भोपाल
12. डी आर डी ओ त्रैमासिक पत्रिका, वर्ष 2014, खंड 2
13. इस्पात भाषा भारती पत्रिका वर्ष 2018, स्टील अथॉरिटी ऑफ इंडिया लिमिटेड प्रकाशन, नई दिल्ली।
14. Proceeding of the International Seminar "Recent Trends in Chemical Sciences", 2016, S.G.G. Govt. College, Banswara, Raj.

15. विष विज्ञान संदेश पत्रिका, वर्ष 2017, सीएसआईआर, आई टी आर आई, लखनऊ

16. जल चेतना, राष्ट्रीय जल विज्ञान संस्थान पत्रिका, वर्ष 2017

17. विज्ञान वाणी पत्रिका वर्ष 10(1), 2004 सीएसआईआर – एनबीआरआई, प्रकाशन लखनऊ

18. दैनिक भास्कर समाचार पत्र, जोधपुर संस्करण वर्ष 2018. 2019

19. वैज्ञानिक दृष्टिकोण, पाक्षिक वैज्ञानिक समाचार पत्र, जयपुर, जुलाई 2018

20. लेखक (डॉ. डी.डी. ओझा) के विभिन्न पत्र पत्रिकाओं में प्रकाशित आलेख, वर्ष 2000, 2004, 2008, 2012 आदि।